大家都愛 Konihinata 的布製小雜貨

超人氣

第2彈

U0073542

三悅文化

這些和我
很搭喔！

contents

我是komihinata家的
偶像「Iroha」。
北美種的短腿貓，6歲。
本書將由我一同為各位介紹
各種可愛的小物喔！

我們也來做看看
Komihinata老師的小物！

各式komihinata的刺繡圖案

有關作法頁的
材料標示

●材料分為「布」與「其
他」來標示，但不包括
針或線等一般用具。

●布考慮到調整布紋等而
有多一些標示。

（調整布紋的方法
→p.46）

Message from komihinata

出版前一作品『超人氣！布布小雜貨』已有1年，
第二冊在讀者不斷的催促聲中，
終於完成！
剛開始製作手工藝品的心情，
純粹只是想把每天做好的小物刊登在部落格上以供網友觀賞而已，
卻在不知不覺中湧入大批讀者，因而產生各式各樣的邂逅。
「即使是第一次，也能完成！」
「做好一件後感到非常快樂而著迷♪」
聽到網友們的心聲，感到非常開心。
也越來越感受到手工藝品與部落格的樂趣。
在這樣的心情下集結成1本書出版後，
從未想到還會接著再出第2冊！
這次同樣也希望聆聽各位讀者的心聲，
因而在部落格上進行問卷調查，並獲得大批網友的參與。
於是以此為基礎，從部落格中挑選小物，再加上首次公開的小物，
以及答覆有關作法的各種疑問，我想內容應該非常豐富。
活用色彩、形狀、平衡、尺寸等細部，
發揮想像力所製作出來的小物，
如果能讓各位讀者脫口而說：「我喜歡這個！」，當是我最大的安慰。
關於大小或配布的方法、標籤或吊牌、提把等
零件的選法以及釘縫的位置等，
可以就製作者個人的感受性與性格，自由安排。

在此謹向來自各個角落支持komihinata的
所有讀者致上誠摯的謝意！
再者，也期待能藉由本書而出現更多新的邂逅。

komihinata，杉野未央子

Ⅰ 各式新作款

從前作出版以後
在部落格介紹的作品中、
只要獲得許多好評、
就可能成為經典作品被挑選出來。
一想到是新作，
心就不禁怦怦跳，
完成時更是興奮不已，
每當聽到「好可愛！」的評語時，
內心真的好高興。

窗格圖案　商店圖案小布包

在讀者問卷調查中最有人氣的就是這種商店圖案的小包包。
水藍色是住宅區的麵包店，粉紅色是新潮的糖果店。
也介紹許多應讀者要求的其他商店圖案。

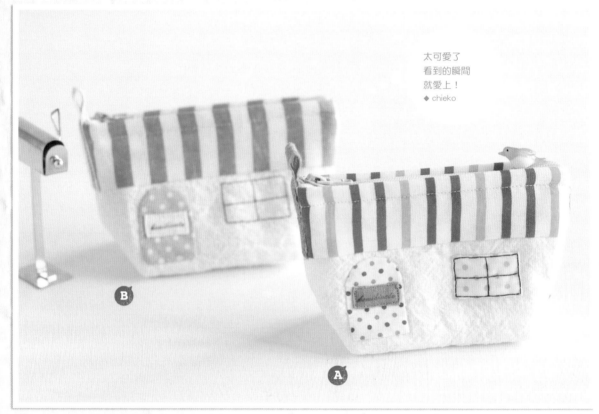

太可愛了
看到的瞬間
就愛上！
◆ chieko

作法：p.54

粉紅色款為了強調可愛
性而在內側使用圓點。
水藍色款則是使用紅色
條紋織帶來做重點裝
飾。

利用各種顏色的極小鈕
釦，就能馬上提升可愛
度。小窗以刺繡來表
現，僅此就能充滿故事
性。

喜歡咖啡店的人
一定會愛上。
僅看到就令人
心怦怦跳！
◆ nadeshiko

variation1

咖啡店圖案小布包

在茶褐色triple wash linen（水洗
亞麻布）的家，放上巧克力薄荷
色的圓點屋頂形成咖啡店風格。
內側也使用茶色的布，以苦味的
氣氛來統一。好似變成和香氣四
溢咖啡很速配的咖啡店？

作法：**p.54**

variation2

花店圖案小布包

用象徵花與葉的粉紅色及綠色條
紋來製作屋頂，掛上Flower的看
板。在窗內除花之外，還有包裝
用絲帶以及灑水壺、花瓶等。非
常認真細膩地刺繡。

作法：**p.54**

窗格圖案　手機袋

提把也需配合氣氛製
作，「下雪的早晨」是
用水藍色的皮繩來塑造
凜冽的空氣感，而「初
夏的午後」是用象牙色
的蠶絲蠟繩來呈現出輕
盈感。

對作者把
圓點圖案當成雪的
發想感到驚訝。
◆ 愛華

下雪的早晨　　　　　　初夏的午後

在具有溫暖氣味的厚羊毛氈上切割出窗戶的圖案，
以刺繡或布料的圖案來表現透過窗所看到的風景。
下雪的風景是以圓點來表現，初夏的樹木則以有著柔和植物圖案的布料來表現，
冬季乾枯的樹木以刺繡來表現出凜冽冬天早晨的光景。

以這種方式
來表現從窗所
看到的風景，
真是太棒了！！
◆ 有羽

裏布使用很搭羊毛氈顏
色的條紋。「下雪的夜
晚」是以細線的條紋來
表現寧靜的夜晚。

下雪的夜晚   冬天的早晨

配合線畫風的刺繡，標
籤也挑選手寫文字印刷
的織帶。

作法：p.56

迷你 & 超迷你背包

這是貼在部落格後獲得許多
「好可愛!」評語的小背包。
總之因為非常喜歡小小的東西,所以又變化出更小的超迷你樣式。
雖然這麼小,卻也能享受表布、裏布、口袋布、滾邊布等
4種布料搭配的樂趣。

內側款式大匯集

把小錢包
做成背包型的創意
太厲害了。
◆ sweet potato

(左上)內側是麝香葡萄綠的圓點。雖然是超迷你尺寸,但因有足夠的襯布,故收納力超強。

(右上)配合表側五顏六色的圓點,內側使用稍粗的鮮豔條紋,以塑造活潑的形象。

(左下)把小小的花朵圖案用在口袋與內側。

(右下)內側、拉鍊全都是粉紅色!在口袋把水藍色的格子做為重點,以免流於單調。

體積雖小，但從任何角度來看都很
完整。也附上肩帶與提環。提環的
長度可配合目的做改變。依個人喜
好來決定長度。

迷你背包變得更小，
這是Komihinata老師
才想得出來的手作品！
讓人感動。
◆ marumi

作法：**p.58**

智慧型手機袋

以下介紹智慧型手機小布包。
在我的周圍有越來越多人使用智慧型手機。
為了收取方便而採用橫長樣式,加上薄袋蓋。
也有專為男性所設計的樣式。
不同的機種有不同的尺寸,
所以請配合自己的智慧型手機來製作。

一旦發現很棒圖案的布料時,請
不要遲疑地立即買下!因為如果
打算以後再買,通常就買不到
了。袋蓋與裏布雖然圖案不同,
卻因顏色很搭而呈現一致感。

作法:**p.60**

薄荷色的智慧型手機袋。花瓣也
是相同地薄荷色,故能呈現一致
感。不僅顯得可愛,還可用來當
作蠶絲蠟繩的釦子使用。

作法:**p.60**

配色穩重、
沒有提把的樣式
我很喜歡！
◆ 小狐狸

以海軍藍、米色的條紋為主，以
四角形的袋蓋完成精緻的男性款
式。把鐵環穿過掛耳就能掛在腰
帶上使用。

作法：**p.60**

非常清爽。
以小型鈕釦為重點
裝飾，相當出色。
◆ saaya

條紋、圓點均使用白色比重多的
布料，就會顯得清爽。把小型鈕
釦做為重點裝飾，用相反色的線
來釘縫，然後加入雙色縫線，就
完成「三色智慧型手機袋」。

作法：**p.62**

托特包風書套

最初製作的是日程手帳書套，
之後再增加文庫本用以及迷你尺寸等各種變化樣式。
所使用的是容易處理的11號帆布，
最近容易買到各種不同的顏色，令人開心！
就如同摺紙工藝般來製作。

這種托特包風的
構思別出心裁。
◆ fusarie

文庫本書套　　　　　　　　　　　　行事曆書套

variation

右邊是把富個性的絲帶做成提
把，底色使用雪白色帆布的變化
樣式。左邊是以清爽色調為主
角，配上條紋與格子。

我很喜歡這種清爽
配置帆布的作法。
書背的亞麻織帶
與截印的位置
也非常巧妙。
◆ tomotomo

記事本書套　　　　　名片盒

行事曆是使用Koquyo的Campus®系列
的A6尺寸，記事本則是使用最小的尺
寸。配合手帳的大小來調整。

把蓋上komihinata截印的亞麻織帶縫在
書背上的西式書籍風的作法令人喜愛。
請使用個人專用截印來製作。

作法：**p.64**

15

各種新作

以下介紹在部落格
大獲好評的新作品目。
希望能由此發展出各種不同的變化樣式。

我非常喜歡
這種配色。
大小也很好使用。
◆ kakikaki

作法：**p.66**

三色托特包

使用8號帆布做得非常牢固，以
我的作品來說這算是較大的提
包。採用白色×海軍藍×灰藍色
的清爽配色，但口袋與標籤、裏
布則使用方格或條紋來做為重
點。

對我來說似乎大了一點，但
寬幅只有20cm左右，因此
對一般人來說可能感覺小了
一點。即使如此，購物時通
常需要的小東西都能裝得
下。口袋裝上褶帶，裡面的
東西就不會掉出來。

伸縮托特包&IC卡包

在小托特包中裝入小型伸縮鑰匙圈零件。這種零件只要拉尖端，裡面所捲的鐵線就會延伸出來，裝在IC卡包、吊掛在提包上，在上下車刷卡時或在收銀台付款時就很方便。海軍藍條紋圖案加上藍色×紅色的提把令人印象深刻。

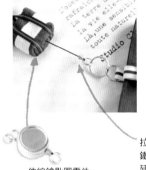

小托特包的大小剛好能容納直徑2cm的零件。其結構是從底部露出尖端，連接卡片包，拉卡片包時鐵線就會延伸出來。

拉卡片包時，鐵線就會延伸出來。

伸縮鑰匙圈零件。在手工藝品店就能買到。

作法：**p.63**

先不要急著丟，將舊物搖身一變成為新品，這才是高招！
◆ cleanclean pc

竹籃套

原本愛用的有蓋竹籃損壞了，但又捨不得丟掉，因而製作一個布套。以水藍色的條紋圖案包覆全體，用同樣一塊布料製作提把裝在蓋子上，不僅美觀，也有補強的效果。如此一來還可以使用一段時間！

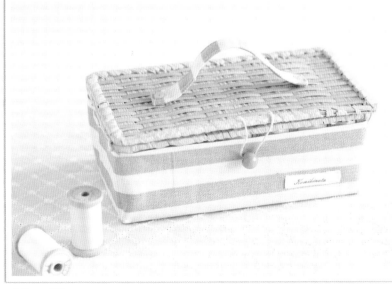

作法：**p.71**

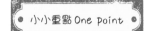 小小重點 One point

各式komihinata的刺繡圖案1

實物大小

使用2股或1股的25號刺繡線。
以刺繡填補的部份是緞面縫，線刺繡是回針縫，
針目短的部份是直線縫（縫法→p.70）

條紋屋頂的家

雛菊
※花芯是法式結粒縫

含羞草
※花是法式結粒縫

野葡萄

清淡色的果實

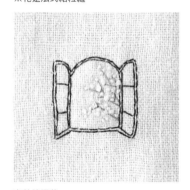

窗外的櫻花
※花是法式結粒縫

青色小鳥

青色果實

紅色果實的樹木

Ⅱ 各式經典款

在此以超人氣的顏色為主題，
組合布料，
來製作部落格讀者們所熟悉的
komihinata經典品目。
一個接著一個，
只要改用不同的布料
就會變得煥然一新，
而產生幸福的心情。
希望各位也能做出
非常絕妙的布料搭配，
而感受到同樣幸福的心情。

手機袋

簡單的小布包

各式古拉尼（granny）提包

手機袋

都是款式最基本的手機袋。
已經記不清楚到目前為止
製作了多少個,
但配合季節或使用的場合,
逐漸想出新的款式。
這次介紹風格各異的6款手機袋。

Ⓐ　　　　　Ⓑ　　　　　Ⓒ

作法:**p.68**

在薰衣草色的條紋格子細布(學生布)整面刺繡而成的薰衣草園。為不破壞這種溫柔的氣氛,使用細方格的裏布以及包釦。

以粉嫩色為基本,用清淡色調來整合的輕盈手機袋。內側、包釦都把色調加以統一。縱向排列的小鈕釦顯得非常可愛。

為與表布的淡色調形成對比,裏布和包釦選用鮮明的海軍藍圓點。保持白底的明亮而予人精緻的印象。

希望在後側加入一個重點。如同用安全別針固定般繡上標籤，以便能與表側相呼應，連我自己看到都愛不釋手。

標籤與安全別針
的點子
讓我非常佩服。

◆ 菜乃

D　　　E　　　F

作法：**p.68**

為了突顯嬰兒安全別針的刺繡，使用素色的表布。用鮮豔的紅色條紋布來包釦子，就更能保持上下的平衡。

巧克力色×薄荷色是在部落格非常有人氣的配色。我自己也很喜歡。用相同的顏色繡上雙片葉，蠶絲蠟繩也挑選水藍色來呈現一致感。

在條紋圖案的底布放上條紋的貼飾，裏布也使用條紋。原本以為會不搭調，但卻出乎意料外地相配。表布使用針織布素材。

簡單的小布包

我好喜歡
水藍色與粉紅色
的組合！！
◆ 歡喜者

小小的圓形
刺繡非常可愛！
◆ sakura

E

F

和手機袋一樣成為經典的就是所謂的「小布包」。
圓滾滾的形狀或許就是人氣高的秘密吧！
在此介紹各種不同的布料搭配。
在讀者問卷調查中最多的疑問就是小布包拉鍊的縫法。
自47頁起就有解說，請參照。

我最喜歡附有提把
的小布包。
我掉坑了……
◆ mamu

G

H

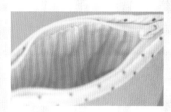

如果也在口布與飾布使用方格布的薄荷
色與粉紅色，整體的平衡就更好。內側
是使用富表情的多尺寸圓點。

薄荷色的素底布配上圓點圖案，繡上3
個相同大小的白色與紅色圓點，以保持
布料搭配的平衡。內側是清爽的水藍色
條紋。

在小布包縫上提把，把標籤做成正方形
就能使印象大為改變，變得更新鮮。底
布的白色布料是已織上圓點的別緻布
料。

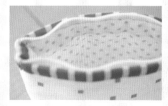

四角形的點是很少見的圖案。活用其特
性來搭配粉紅色的濃淡條紋，就能予人
新潮的印象。內側使用淡色。

作法：**p.54**

各式古拉尼（granny）提包

在此設計不同的大小與形狀，製作幾個古拉尼提包。
尤其超迷你古拉尼，圓滾滾的形狀，是人氣很高的品目。
與超迷你款式比較時，放在一旁的迷你古拉尼就顯得很大，
因為是很小的尺寸，所以請務必仔細確認。

形狀與大小
（超迷你？）
讓人覺得最可愛。
◆ chyomushimo

迷你古拉尼　　　　　　　超迷你古拉尼

和使用柔和水藍色的紡織圖案圓點紗布的表側形成對照，內側採用大膽的條紋。亞麻混紡的斜紋帶的裏側配上細的條紋。

作法：**p.72**

雖是寬幅僅5.5cm左右的小包，但使用充滿元氣的斜向方格，內側也採用亮麗的水藍色。予人在晴空下野餐的感覺。不經意地縫上一顆紅色小鈕釦卻成為注目的焦點。

作法：**p.74**

超迷你抓縐古拉尼包

作法：**p.75**

蓬鬆柔和的感覺
正是komihinata
老師所施展的
魔法！
◆ hogehoge

寬幅僅8.5cm左右，在袋口抓
縐變得蓬鬆，手掌般大小的
提包。挑選袋口的小飾布來
搭配也是一種樂趣。左邊的
提包加上小花朵圖案，予人
溫柔的印象。

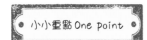 **各式komihinata的刺繡圖案2**

使用2股或1股的25號刺繡線。
以刺繡填補的部份是緞面縫，線刺繡是回針縫，
針目短的部份是直線縫（縫法→p.70）

清淡色洋傘

樹木

紅色腳踏車

鬧鐘

糖果

咖啡壺

葡萄酒和橄欖

燈塔

帆船

Ⅲ 各式人氣款

介紹在讀者問卷調查中
有高人氣的作品。
各式各樣不同設計款的小布包、
實用性高的套子、
一瞬間就能做好的
羊毛氈小物包、
最受歡迎的零錢包等。
即使是當作禮物送人
也能讓收到的人感到開心。

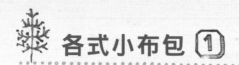

各式小布包 ①

以下介紹各式小布包。
首先是已決定用途再製作的「功能性小布包」。
大多是為能在每天生活中方便使用而製作的小布包，
因此實用性超群。

飾品小布包

這是在雪白帆布的周圍用碎花布滾邊製成的提包式飾品小布包。內側也使用許多種類的布，但每一種都只需要少許的布就能製作。自己喜愛的布，即使已成為碎布也捨不得丟掉，大都可以充分利用。

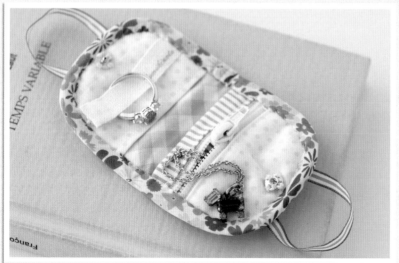

作法：**p.76**

令人想起
下雪天。
絕妙的平衡與感性
讓人一眼就愛上。
◆moamu

作法：**p.78**

數位相機包

這是為了冬天製作的數位相機包，白色的亞麻布是代表堆積的雪，而白色的圓點則代表正在下的雪。繡上小小的樹木和狗就變成繪本裡的情景。

裏布使用代表雪的白色與灰色圓點。提把也用白色來強調一致性。

仰望樹木的一隻狗。以刺繡表達的故事從此產生。

鑰匙包

因為是收納家裡鑰匙，故把紅底白色小點圖案當作屋頂做成房屋樣式。從窗戶窺視的室內，請嘗試模仿家中情形來刺繡。這是利用邊摺細長的布邊製作而成的獨特作法。

把珠鍊穿過旁邊的掛耳，裝上鑰匙，收在小布包中。

房屋的形狀
好可愛，讓人
愛不釋手。
◆fuu

作法：**p.80**

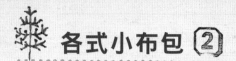

各式小布包 ②

接下來介紹形狀可愛的2款小布包。
迷你波士頓型是似有似無的形狀,刊載在部落格時,
所做的問卷調查中也有很高的人氣。

我好喜歡
這種形狀可愛的
水滴圖案。
◆naokokko

作法:**p.82**

迷你波士頓型小布包

這是使用自然的圓點圖案所做成
的小波士頓型的小布包。底部與
提把、拉鍊均以潔淨的水藍色來
統一,整體感十足相當有型。

內側是帆布,因此即使沒有
布襯,完成時也不會變形。
滾邊也是使用水藍色的印染
布,連內側都統一顏色。

作法：**p.79**

托特包式小布包

能隨意放在手掌上的9cm寬的小布
包，表布使用11號帆布而充滿休閒
風。左邊是開心果的顏色（淡黃綠
色），右邊加上小花朵圖案而顯得
高雅。

袋口很廣，裏布清楚可見，
因此留意此處就能提高美觀
度。黃綠色系是如水彩畫般
的樹木圖案的雙層紗布，紫
色系是稍深的圓點圖案。

31

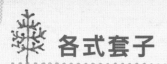

各式套子

平時身邊常見的小東西
如果加上套子，
不僅美觀，也更好使用，
在此製作讓人使用起來更快樂的專用套子。

有了這種套子，
在喝咖啡時
會更覺得美味。
◆maruko

咖啡濾紙套

雖然是毫不起眼的紙製濾紙，如果能像
這樣裝進套子中裝飾牆壁，就能變成廚
房的裝飾品。布是以咖啡歐蕾色來統
一。加上蕾絲蠟繩就能吊掛起來使用。

作法：**p.88**

碎花布
既具實用性
又很可愛。
◆miko

剪刀套

乍看不起眼的東西，如果使用五顏六色
的碎花布，就會變得可愛。表布是厚羊
毛氈，因此隨身攜帶也安全，裏布使用
塗層布料，這樣刀尖就容易滑入。

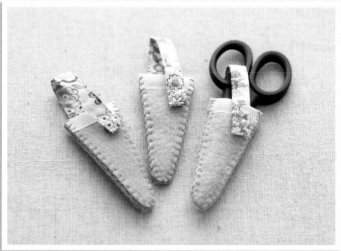

作法：**p.86**

作法：**p.84,85**

還有耳機套耶，
似乎很好用！
◆Runna

音樂播放器套

· · · · · · · · · · · · · · · · ·

配合ipod® 與ipod nano® 的大小製作。
二者在內側有收納本體與耳機的2個口
袋，只要把布摺疊數次來縫製就可完
成。裝上用帶子做成的小提把就適合
nano用。

羊毛氈小物包

在寒冷的季節
看到這些作品，
就會想自己
動手做做看。
似乎很簡單就能完成。
◆green sailing

在本書中製作方法最簡單的就是這款！
使用厚0.2cm的羊毛氈，
因此沒有裏側、也不必處理縫份。
最近羊毛氈的顏色種類非常豐富，
因此不妨選用不同顏色來做做看。

顏色與質感
都很棒。
自己也想動手
做做看。
◆kuchan

製作各種不同的尺寸，像套俄
羅斯娃娃般一個個套起來，相
當可愛，可以當裝飾品。

作法：p.87

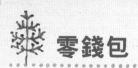

零錢包

以前很不擅長裝置口金等金屬零件。
但多做幾個後，漸漸的順手許多。
現在口金包已經變成我作品中的基本款項了！
熟悉後就能慢慢抓到竅門。

作法：**p.90**

在帶青色的綠色圓點配上祖
母綠方格的鮮豔配布。內側
是薄荷條紋的亞麻布。

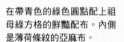

把隨興描繪的線條與圓點的布，用在
值得紀念的部落格第1號包上，令
人很滿意。手寫文字印染的裏布也以
三色來統一。

作法：**p.90**

C

我覺得部落格每回
刊登的零錢包
都「超級可愛～」
持續觀察中。
◆森小姐

清爽的茶褐色條紋標籤。為活用粗的
條紋，僅縫上標籤就能簡單完成。內
側使用3色圓點印染布。

作法：**p.90**

紫色方格
非常可愛 !!!!
◆豬頭

D

把大的方格斜向使用。用和
布很搭的紫色線來車縫圓形
果實。後側的標籤也用法式
結粒縫刺繡四個角做為小小
的點綴。

作法：**p.90**

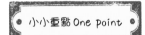
各式komihinata的刺繡圖案3

使用2股或1股的25號刺繡線。
以刺繡填補的部份是緞面縫，線刺繡是回針縫，
針目短的部份是直線縫（縫法→p.70）

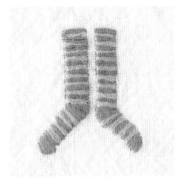

條紋襪子

剪刀

縫紉機

針包

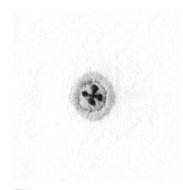

鈕扣

線軸

色鉛筆

板凳

托特包

Ⅳ 各式贈禮款

在讀者問卷調查中，
問到「喜歡什麼顏色」時，
最受歡迎的是水藍色系與粉紅色系。
於是用水藍色製作婚禮品目，
用粉紅色製作嬰兒品目。
其實我自己本身也很喜歡包裝！
因此構思一些能簡單完成的點子，
但願能提供各位做為參考。

婚禮

嬰兒

小禮物

婚禮

打開包裝
瞧一瞧裡面…

包裝的方法：**p.85**

把描圖紙重疊在布的上方摺疊、
縫合起來就變成袋子。
裝上布花、結上絲帶就完成。
這是適合簡單婚禮風格的包裝。

贈禮是
戒指枕和手帕

作法：**p.92**

戒指枕（ring pillow）是用雪白的亞麻布
配上藍色絲帶做成的樸素禮品。
如果在標籤繡上新郎新娘的姓名，
當作禮物贈送給他人，對方一定會很開心。
搭配能讓人變幸福的Something Blue的
手帕成一套。

嬰兒

打開包裝
一瞧…

包裝的方法：**p.89**

用柔軟的白色紡織圓點布來包裝禮物、
裝入袋中，再結上粉紅色的蝴蝶結
就能予人可愛的印象。
在可愛的活字印刷式留言卡
寫上滿滿祝賀的心情。

作法：**p.94**

興奮地打開包裝後，
蓬鬆柔和的粉紅色出現在眼前。
嬰兒鞋是還不會爬行的嬰兒，
坐在嬰兒推車出門時穿的款式。
和即使有好幾件也不嫌多的圍兜成套搭配。

小禮物

打開包裝
一瞧…

包裝的方法：**p.93**

如果是大批送人的禮物，
可用簡單包裝來提高精緻度！
把禮物裝入透明的PP袋，
蓋上2片布料固定起來即可。
重點是可看見內容物，以便任君挑選。

作法：**p.93**

小小的托特包，
只需少許材料就能簡單製作。
最適合用來當作派對的贈禮或是小禮物。
如果再加上長條金屬附件就更受到喜愛。

45

手工藝的製作訣竅

以下回答在問卷調查中有關技術方面的提問，譬如「細節部份做得不順」、「老是談基礎做法好無趣呢」等。我的裁縫是自己摸索出來的，因此可能和專門書籍中的方法不太一樣。雖說至今仍然不斷發生錯誤的嘗試。但基於希望能對各位有所幫助的心情，在此介紹一些製作訣竅。

在縫製前要先把布下水，以調整布紋嗎？

製作的小物如果素材是棉布，我幾乎不會下水。需要事先下水的是含有亞麻成分、容易縮水的布料。不過在裁剪前會先用蒸氣熨斗熨燙來調整布紋（調整布紋·請參照下記），如此，完成時才漂亮。

不會畫和布紋平行的線！

如果是方格或條紋等紡織圖案，只要沿著圖案畫線即可。但如果是印染布料或素色布料，就照片所示調整布紋。在布邊抽出1條橫線，沿著這條線來裁剪布料，以熨斗熨燙整理布紋後，放上方格尺來畫線，就能順利進行。

布紋

無法筆直裁剪！

「布會移動而無法正確裁剪」、「沒辦法筆直裁剪」，有這些問題的人可能不少。裁剪的基本是把剪刀的下刀靠在桌上，以此狀態把刀尖指向和布垂直，如果用手把布拿起或剪刀懸空來進行，就無法正確裁剪。

OK

NG

搭配布料時，一定要對準布紋才行嗎？

如果是衣服或大提包，不對準布紋就會整個走樣，但小物就沒關係。優先考慮「完成時可不可愛？」來對準圖案。照片中的智慧型手機袋，外側與內側的布紋雖然相反，但這種大小不會有問題。

**尺寸圖中沒有加上縫份嗎？
所標示的「裁剪」，究竟是什麼意思？**

尺寸圖中並沒有加上縫份。加上（　）所指定的縫份來裁剪布。標示裁剪，就表示縫份0cm。按照尺寸圖的大小來裁剪即可。　※本書尺寸圖的單位是cm（公分）。

輕輕鬆鬆
來做

**在滾邊布出現的 ⊠ 記號
是什麼？**

表示和布紋形成45度的角度來裁剪，這種方法稱為「斜向裁剪」。布有伸縮性，因此容易形成彎曲。裁剪方法請參考右圖。

**斜布條的
裁剪方法**

與布紋呈斜向
來裁剪。
材料欄是以這種
尺寸來標示

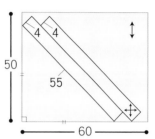

請問如何俐落地裝上拉鍊？

最多的問題是有關裝置拉鍊的提問。有很多諸如「完成時邊緣不整齊」、「不了解如何裝上飾布」、「請仔細教導訣竅」之類的煩惱！在此將以照片來解說小布包（p.22）拉鍊的裝法。

**公開小布包的
作法細節**

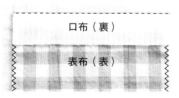

1 把表布與鋪棉重疊，在兩側做鋸齒縫，口布重疊中表來縫。

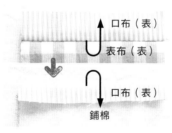

2 拿起口布以熨斗燙平，向鋪棉側摺疊。

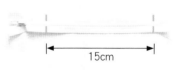

3 拉鍊是在布的橫寬（小布包的情形是含縫份15cm）做上記號。在拉鍊上方的終止部份稍遠的位置做上記號，比較容易看見。

訣竅
在此！

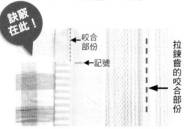

4 在 **3** 重疊 **2** 。兩側是在 **3** 做的記號，使上端確實吻合拉鍊齒的咬合部份。

5 從口布與表布的接合處取0.2～0.3cm來車縫口布側。

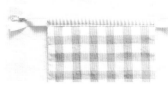

6 在拉鍊的一側縫上口布的狀態。

7 縫相反側。拉開拉鍊，和**4**一樣把咬合部份與口布的邊緣對準。用夾子夾住，和**5**一樣車縫。

8 在中途以落針的狀態把壓板抬高，把滑軌推向壓（布）腳側、避開。

（表）　（裏）

9 兩側帶著口布的狀態。右邊是從裏側所看的狀態。拉鍊拉開一半左右。

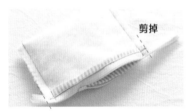

剪掉

10 以拉開拉鍊的狀態，縫兩側。多餘的拉鍊剪掉。如果要裝上掛耳（吊牌）用的帶子，就在此夾入。

在此學會檔的摺疊方法　脇邊　底中央

11 縫檔。確認脇邊與底中央的線是否對準。

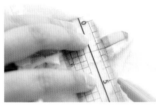

12 把脇邊的縫份撥開，如照片所示摺疊，畫上檔線。用方格尺確認脇邊的縫份與檔線是否呈垂直！

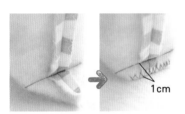

1cm

13 縫檔，留下1cm剪掉尖端，做鋸齒縫。

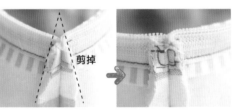

剪掉

14 把脇邊縫份的袋口部份，如照片所示斜向剪掉，把縫份重疊在本體車成四角形。這樣就容易縫上飾布。翻到表面。

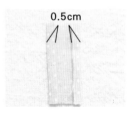

0.5cm

15 把飾布的兩側摺疊0.5cm，以熨斗燙平。

在此縫上飾布

16 把飾布重疊在脇邊，對準口布與表布的邊界線來縫。

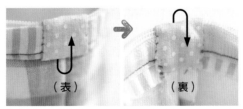

（表）　（裏）

17 拿起飾布，倒向內側鎖縫脇邊。把內側的布邊藏在裏袋，這樣就行了。

1cm

18 製作裏袋。和表袋一樣縫兩脇邊和檔，把袋口向裏側摺疊1cm。

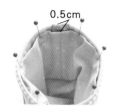

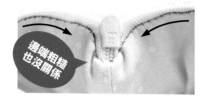

19 為使兩脇邊的位置對準，把裏袋放入表袋之中用珠針暫時固定。把裏袋裝在距表袋袋口約0.5cm的內側。

20 從加上飾布的一側分別鎖縫袋口。拉鍊的最底部不好縫，但因為看不見，所以縫得粗糙也沒關係。

邊端粗糙也沒關係

好像懂了

接下來介紹不同的拉鍊裝法。這是使用在迷你背包（p.10）與迷你波士頓型小布包（p.30），以口布夾起拉鍊的裝法。

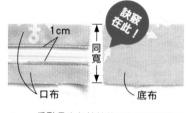

訣竅在此！

1 重點是夾起拉鍊的口布的寬與底布的寬完全相同。讓看到拉鍊的部份正好1cm就對了。

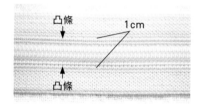

2 拉鍊齒的兩側成為凸條（溝槽）的部份，之間如果是1cm的話，就把這條線沿著口布的「對摺邊」裝上（不同的拉鍊會使間隔有差，因此請確認位置使其變成1cm）。

3 口布與拉鍊用珠針暫時固定，因為在縫的時候可能會移位。此時暫時固定布用的筆型膠水就能派上用場。塗在拉鍊或布來貼合。

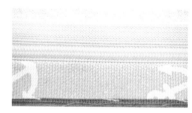

4 如此就不易移位。因為是暫時固定用，故即使失敗也能重新貼上，而接著後，針也能順利穿過。也能活用在希望暫時固定的其他部位。

5 縫合。縫法和小布包一樣。車縫到滑軌的位置時，以落針的狀態把壓板抬起，把滑軌推向對面側（請參照p.48的8）。

底布

6 相反側的縫法相同。是否和底布同寬呢？

下一頁，將繼續為各位解答疑問！

布襯有很多種，讓人不知該如何挑選。

依完成時的模樣或目的，分別使用如照片所示的厚型與中型。如果希望薄的布料挺一點，就選擇厚型，如果重視柔軟度，就挑選中型。不妨留意外包裝上「特價品」的標示，可一次多買一些備用（笑）。

（註：日文接著芯＝布襯）

縫份重疊變厚時，在機縫時就不能順利送布。

表布與裏布的縫份重疊或夾掛耳布等部份時，為使縫紉機順利運轉，可改為手動。把裝在縫紉機的滑輪用手旋轉，一針一針慢慢車縫。

夾上皮繩等來縫時，這個部位會變厚而使針「卡住」，縫線就會歪掉。

在縫之前先如照片所示把表布側面的縫份斜向剪掉，這樣即使夾上皮繩，厚度也不會增加太多，應該能順利送布。

剪掉

車縫手機袋等時，覺得成為小筒狀的部份很難處理。

小筒確實是不好縫的部份。訣竅在於把縫針下方變成「筆直」。使壓（布）腳下方的布邊和壓腳呈平行，用手一面調整一面慢慢送布，這樣就一定能順利縫好。

把表布和裏布對合在袋口縫1圈時，多出來時怎麼辦？

的確，我也常碰到這種情形。原因在於表布和裏布的厚度不同，布的伸縮性有差等。基本上先假縫，再慢慢縫。此外，在縫的時候邊拉可能會不足的布邊調整。不過在假縫的階段如果兩者都多出來，還是先拆開重新縫比較放心。

這樣就行了

對於縫合直線與曲線感到棘手。

我也一樣感到棘手（苦笑）。現在就以p.49裝上拉鍊的迷你背包的作法來加以
說明。

1 首先依尺寸來裁剪，正確劃上對合記
號的切痕。

2 接著對準對合記號，確實假縫。

3 在縫合時把曲線的一側朝上。曲線的
部份斜向時會伸展，因此不會伸展的
拉鍊側，就邊拉邊縫。

4 縫好後剪掉角的部份。

對貓而言，
縫紉機實在是
不好操作喵

滾邊時進行得很不順利。尤其對曲線的部份感到棘手。

這個部份我也感到棘手（笑）。不要貿然開始縫，如下方照片所示，先用珠針或暫時
固定用的膠水來固定全體，然後再慢慢縫。

1 首先在全體釘上珠針。或是用暫時
固定用的膠水（p.49）黏上貼合。

2 接著注意不要讓滾邊布出現皺褶，利用錐
子邊送布邊慢慢縫，如此就能順利進行。

我們也來做看看
komihinata老師的小物！

這次也收到許多讀者寄來的作品照片。
從我開始在部落格介紹小物起，沒想到已收集這麼多的創意作品，
真令我感到開心！但，在此只能介紹其中一小部分。

Nokonoko小姐
★筆套

> 成熟可愛的黑白色系！
> 和拉鍊交叉的
> 文字圖案織帶很新潮。
>
> komi

Mekabuchan小姐
★零錢包

> 零錢包三姊妹！
> 各有不同的個性，
> 可愛極了…
>
> komi

> 咖啡豆顏色深淺不一！！
> 依照焙煎的順序來刺繡，
> 似乎能品嘗到美味的咖啡…
>
> komi

Popo小姐
★咖啡濾紙套

miemie小姐
★手機袋

> 白色與黑色的貓咪機縫，
> 似乎能感受到故事性，
> 就像故事書的
> 插圖一樣…
>
> komi

R＊mint小姐
★四角小布包

> 四角小布包5姊妹！
> 以同色系的圓點或條紋
> 巧妙地來和富個性的
> 布料搭配。
>
> komi

> 在前一作品『布布小雜貨』中，
> 獲得第一名的古拉尼風小布包。
> 帶苦味的滾邊很有效果。
>
> komi

Rieko小姐
★古拉尼風小布包

neko015小姐
★超迷你古拉尼包

連花朵都縫得恰到好處，
這是屬於少女的
超迷你古拉尼包！

在船形鈕釦下方
是表現波浪的鋸齒縫！
充滿童心的樣式！

Chyki小姐
★零錢包　★迷你小短靴

迷你小短靴
設計不同的顏色與大小3雙。
宛如一家三口冬天的玄關…

艾娃小姐
★手機袋

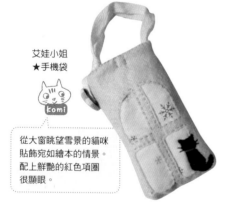

從大窗眺望雪景的貓咪
貼飾宛如繪本的情景。
配上鮮艷的紅色項圈
很顯眼。

在『布布小雜貨』刊載的
迷你袋有10個！袋蓋與
本體是相同的小花圖案，
讓人感到很新鮮。

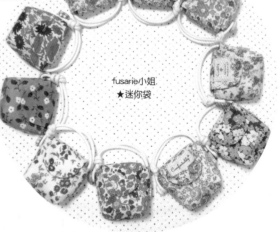

fusarie小姐
★迷你袋

小梅Jymu小姐
★小托特包

在小托特包加上
小小的吊鍊，
變成裝飾小托特包的
創意，真棒！

材料（1件份）

布……	（**共通**）表布、裏布各20×25cm　（**A·B·C·D**）口布35×10cm　門用布少許　（**A·C**）窗用布各少許
	（**E·F·G·H**）口布35×10cm　飾布5×10cm　（**G**）底布20×15cm　提把布10×20cm　標籤布少許
其他…	（**共通**）鋪棉20×25cm　橫紋（平紋、橫織）拉鍊20cm　標籤用寬1cm的帶子4cm
	（**A·B·C·D**）飾布用寬1.2cm的帶子10cm　25號刺繡線
	（**A·B·D·E·H**）標籤用寬1cm的帶子5cm　（**A·C·D**）直徑0.3cm的鈕釦適量　（**F**）25號刺繡線

尺寸圖

● 加上（ ）內的縫份裁剪
● 除指定以外A〜H共通

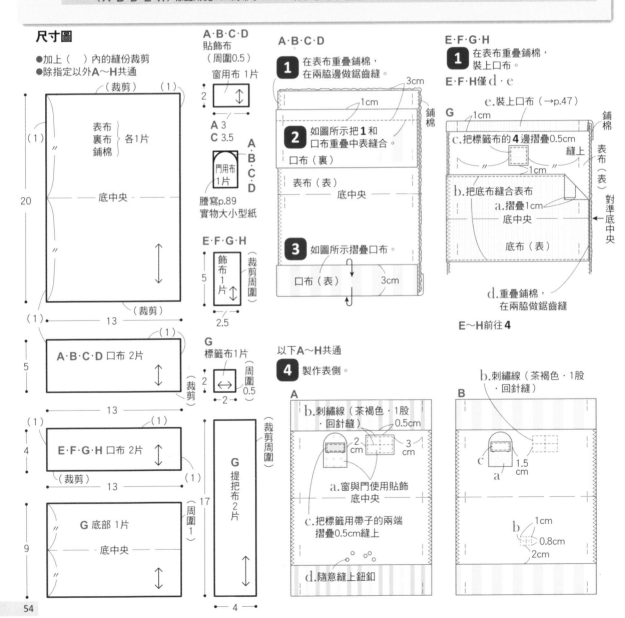

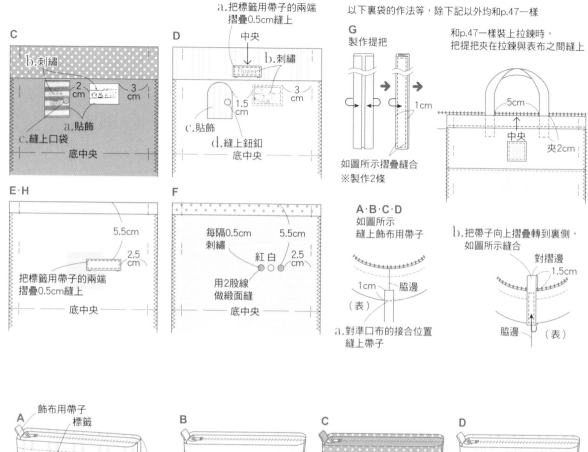

C

b.刺繡

2 cm — 3 cm

a.貼飾

c.縫上口袋

底中央

D

a.把標籤用帶子的兩端
摺疊0.5cm縫上

中央

b.刺繡

3 cm

1.5 cm

c.貼飾

d.縫上鈕釦

底中央

以下裏袋的作法等，除下記以外均和p.47一樣

G

製作提把

1cm

如圖所示摺疊縫合
※製作2條

和p.47一樣裝上拉鍊時，
把提把夾在拉鍊與表布之間縫上

5cm

中央

夾2cm

E・H

5.5cm

2.5 cm

把標籤用帶子的兩端
摺疊0.5cm縫上

底中央

F

每隔0.5cm
刺繡

紅 白

用2股線
做緞面縫

5.5cm

2.5 cm

底中央

A・B・C・D
如圖所示
縫上飾布用帶子

1cm — 脇邊

（表）

a.對準口布的接合位置
縫上帶子

b.把帶子向上摺疊轉到裏側，
如圖所示縫合

對摺邊

1.5cm

脇邊

（表）

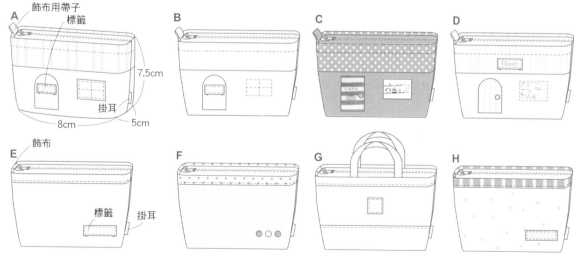

A

飾布用帶子

標籤

7.5cm

掛耳

8cm — 5cm

B

C

D

Flower

E

飾布

標籤

掛耳

F

G

H

★實物大小刺繡圖案・縫法→p.70

p.8　窗格圖案　手機袋

材料
（1件份）

布……表布（厚0.2cm的羊毛氈）、裏布各25×20cm、窗用布、襯布各5×10cm　包釦布10cm方形

其他…寬0.5cm的皮繩或蠶絲蠟繩50cm　直徑2.2cm的包釦釦子1組
　　　　寬1cm的布帶5cm　25號刺繡線（參照圖）　雕刻刀（平刀）

尺寸圖

●加上（　）內的縫份裁剪

（裁剪表布　裏布0.5）

表布
裏布
各1片

脇邊

14

（1）　　　（1）

（0.5）

18

（裁剪周圍）

窗用布
襯布
各1片

6

4

（裁剪周圍）

直徑5

包釦布1片

1 剪掉窗戶部份
（使用雕刻刀的平刀）。

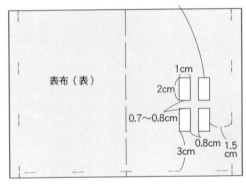

表布（表）

1cm
2cm
0.7～0.8cm
3cm
0.8cm
1.5cm

4 縫脇邊與底。

從脇邊向中央摺疊，
夾住對摺的布帶，
縫合脇邊與底

10cm

表布
（裏）

對摺邊

0.5cm

2 重疊窗用布與襯布，
假縫周圍。

窗用布（表）

襯布

刺繡時，先繡在大一圈
的布上再裁剪，和襯
布重疊

窗用布（表）

裁剪線

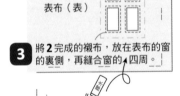

表布（表）

3 將**2**完成的襯布，放在表布的窗
的裏側，再縫合窗的四周。

在窗戶周圍的裏側塗
上暫時固定用膠水
（→p.49），暫時固
定**2**後就容易縫合

表布（裏）

5 縫襠（襠的摺疊方法→p.48）。

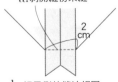

a.剝開縫份來縫

2cm

b.相反側的縫法相同

6 製作裏袋。

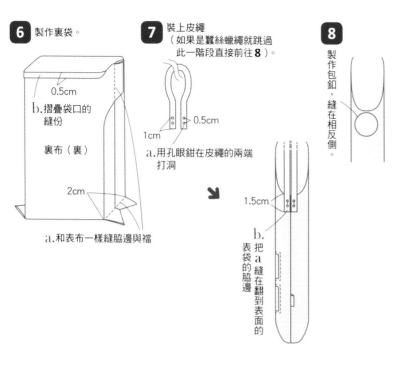

0.5cm

b.摺疊袋口的
縫份

裏布（裏）

2cm

a.和表布一樣縫脇邊與襠

7 裝上皮繩
（如果是蠶絲蠟繩就跳過
此一階段直接前往 **8** ）。

0.5cm

1cm

a.用孔眼鉗在皮繩的兩端
打洞

1.5cm

b.把 a 縫在翻到表面的表袋的脇邊

8

製作包釦，縫在相反側。

實物大小刺繡圖案

●刺繡線是用1股來做回針縫。
短針目則是做直線縫
●縫法→p.70

茶褐色

窗用布

9 把表袋與裏袋對準外表，
以毛毯邊縫（→p.70）固定2片。
線的顏色要吻合布料。

如果是裝蠶絲蠟繩，
就夾在表袋與裏袋之間。
在做毛毯邊縫時請越過繩的部分

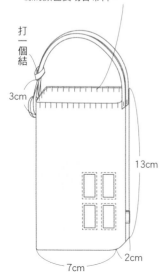

打一個結

3cm

13cm

2cm

7cm

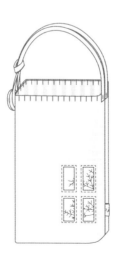

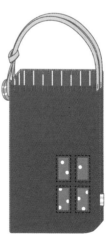

蠶絲蠟繩

10

僅縫蠶絲蠟繩處來補強。

材料
（1件份）

布……（迷你）表布、裏布各25×15cm　口袋布10cm方形　肩帶布15×20cm　底布15×20cm
口布10×25cm　滾邊布35cm方形　（超迷你）表布、裏布各20×10cm　口袋布5cm方形
肩帶布10cm方形　底布15cm方形　口布10×15cm　滾邊布30cm方形

其他…（共通）橫紋拉鍊20cm　蠶絲蠟繩5cm　（迷你）寬1cm的帶子4.5cm　直徑0.7cm的鈕釦1個

尺寸圖

●加上（　）內的縫份裁剪。有2種數字時，
　青字是超迷你背包。只寫1種的代表通用

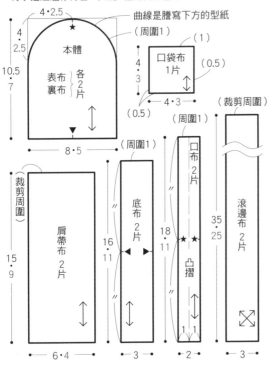

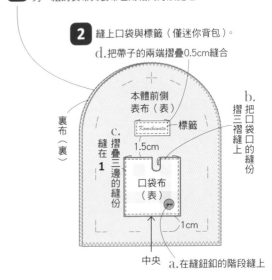

1 把表布與裏布對準中表，在周圍做鋸齒縫。
另一組的表布與裏布也用相同方法處理。

2 縫上口袋與標籤（僅迷你背包）。

d. 把帶子的兩端摺疊0.5cm縫合

3 口布從凸摺向外表摺疊，
縫在拉鍊上（→p.49）。

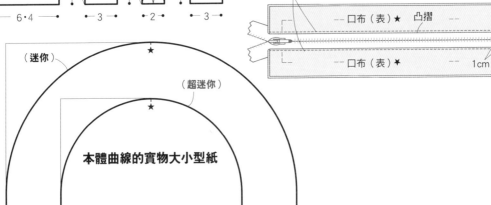

本體曲線的實物大小型紙

4 將底布與 **3** 縫合。

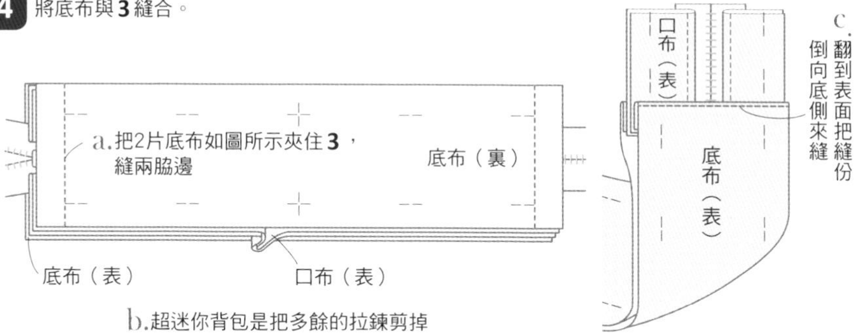

a. 把2片底布如圖所示夾住 **3**，縫兩脇邊

底布（裏）

底布（表）　口布（表）

b. 超迷你背包是把多餘的拉鍊剪掉

口布（表）

底布（表）

c. 翻到表面把縫份倒向底側來縫

5 如圖所示摺疊肩帶布、縫合。

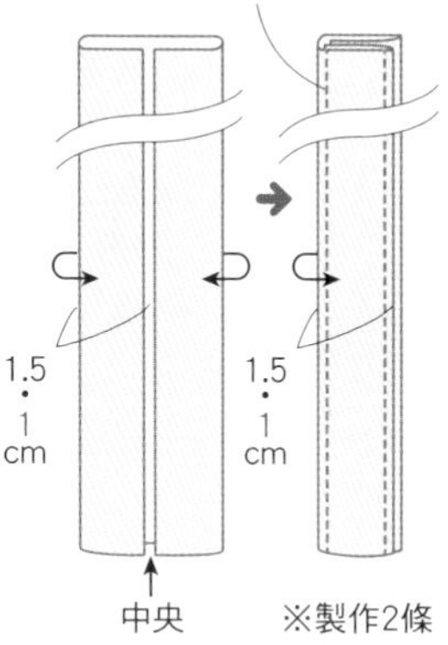

1.5〜1cm　　1.5〜1cm

中央　　※製作2條

6 暫時固定肩帶與鷽絲蠟繩。

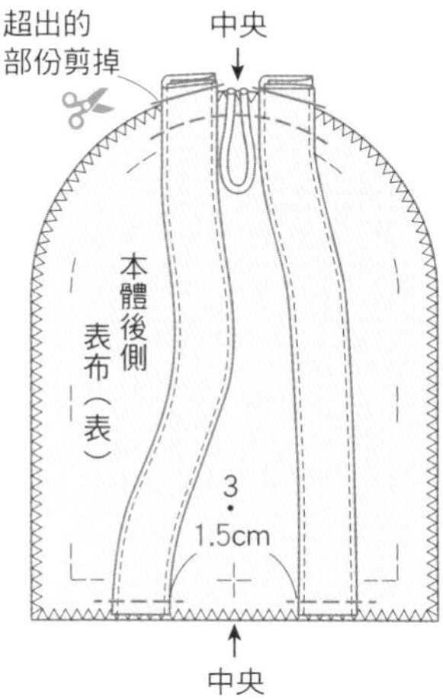

超出的部份剪掉

中央

本體後側表布（表）

3・1.5cm

中央

7 把本體縫在 **4**。

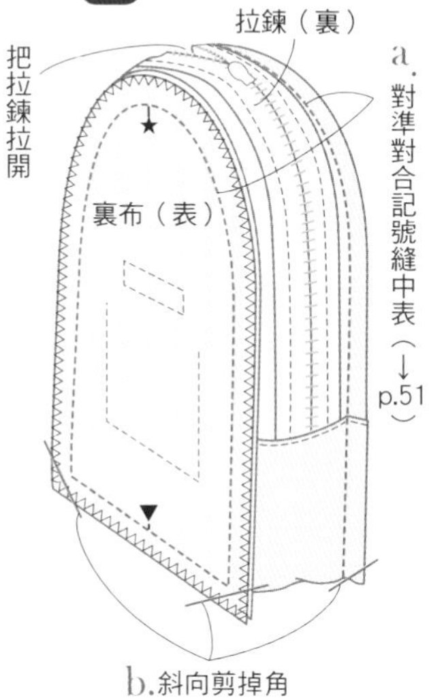

把拉鍊拉開

拉鍊（裏）

裏布（表）

a. 對準對合記號縫中表（↓p.51）

b. 斜向剪掉角

8 從底側把縫份滾邊。

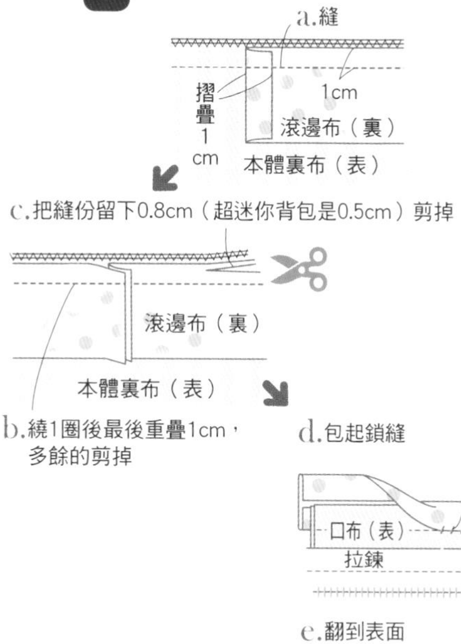

a. 縫

摺疊1cm

1cm

滾邊布（裏）

本體裏布（表）

c. 把縫份留下0.8cm（超迷你背包是0.5cm）剪掉

滾邊布（裏）

本體裏布（表）

b. 繞1圈後最後重疊1cm，多餘的剪掉

d. 包起鎖縫

口布（表）

拉鍊

e. 翻到表面

＜迷你背包＞

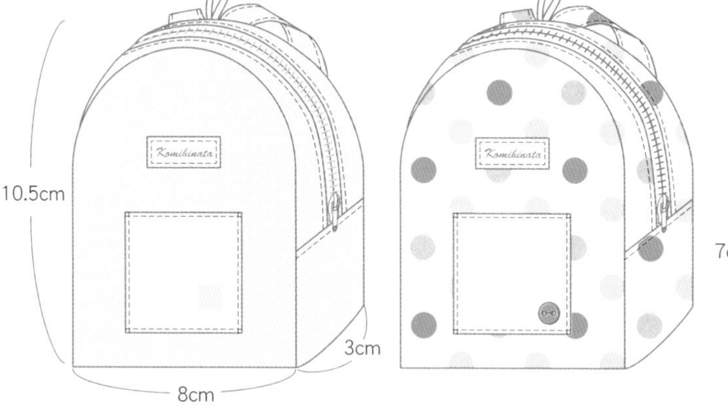

Komihinata

10.5cm

8cm　3cm

＜超迷你背包＞

7cm

5cm　3cm

59

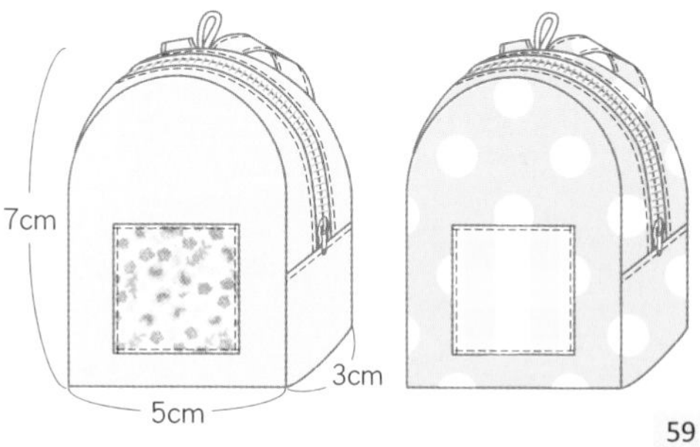

材料		
（1件份）	**布**……表布、裏布各20×25cm　袋蓋布10cm方形2片　（Ａ）包釦布10cm方形	
	其他…（**共通**）鋪棉20×25cm　布襯10cm方形　標籤用寬1cm的帶子4.5cm　按釦（中）1組	
	（**Ａ・Ｂ**）蠶絲蠟繩55cm　（**Ａ**）直徑2.2cm的包釦釦子1組　掛耳用寬1cm的帶子3cm	
	（**Ｂ**）直徑3cm的花片、直徑1.5cm的鈕釦各1個　掛耳用寬1.5cm的帶子3cm	
	（**Ｃ**）掛耳用寬1cm的帶子5cm　直徑2cm的木釦1個	

尺寸圖

●加上（　）內的縫份裁剪

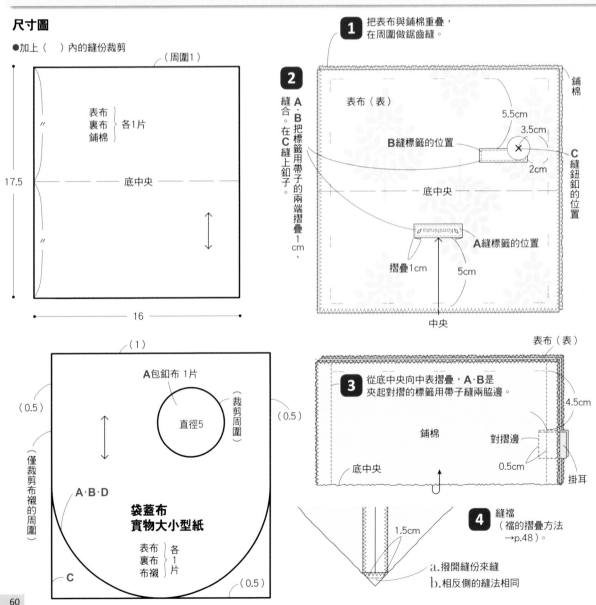

1 把表布與鋪棉重疊，在周圍做鋸齒縫。

2 Ａ・Ｂ把標籤用帶子的兩端摺疊1cm、縫合。在Ｃ縫上釦子。

表布（表）
鋪棉
5.5cm
3.5cm
Ｂ縫標籤的位置
Ｃ縫鈕釦的位置
2cm
底中央
komhinata
Ａ縫標籤的位置
摺疊1cm
5cm
中央

3 從底中央向中表摺疊，Ａ・Ｂ是夾起對摺的標籤用帶子縫兩脇邊。

表布（表）
4.5cm
鋪棉
對摺邊
0.5cm
掛耳
底中央

4 縫襠（襠的摺疊方法→p.48）。

1.5cm
a. 撥開縫份來縫
b. 相反側的縫法相同

（1）
（0.5）
（0.5）
（0.5）
（僅裁剪布襯的周圍）
（裁剪周圍）

Ａ包釦布 1片
直徑5

Ａ・Ｂ・Ｄ
Ｃ

**袋蓋布
實物大小型紙**

表布　各
裏布　1
布襯　片

17.5
16
底中央
（周圍1）
表布
裏布　各1片
鋪棉

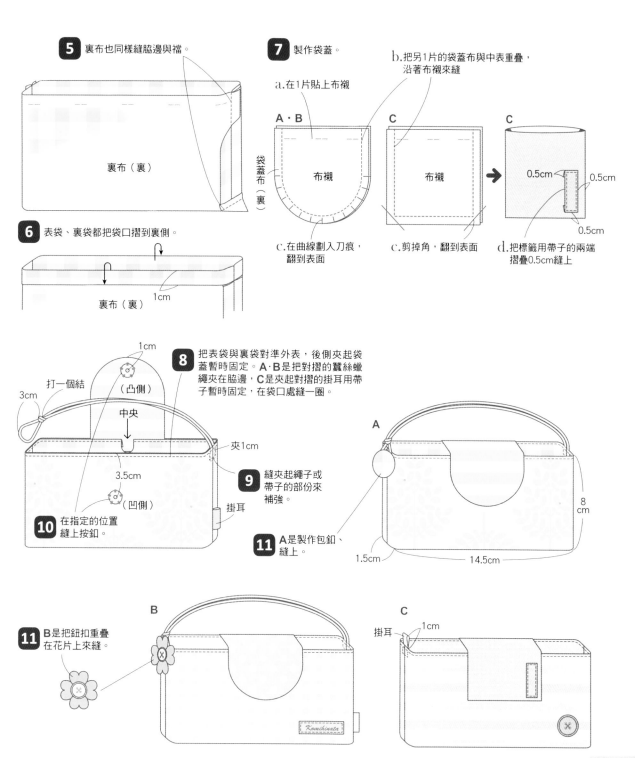

5 裏布也同樣縫脇邊與襠。

裏布（裏）

6 表袋、裏袋都把袋口摺到裏側。

裏布（裏）
1cm

7 製作袋蓋。

a.在1片貼上布襯

b.把另1片的袋蓋布與中表重疊，沿著布襯來縫

A・B
布襯

C
布襯

袋蓋布（裏）

c.在曲線劃入刀痕，翻到表面

c.剪掉角，翻到表面

C
0.5cm
0.5cm
0.5cm

d.把標籤用帶子的兩端摺疊0.5cm縫上

1cm
打一個結
（凸側）
3cm
中央
3.5cm
（凹側）

10 在指定的位置縫上按鈕。

夾1cm
掛耳

8 把表袋與裏袋對準外表，後側夾起袋蓋暫時固定。A・B是把對摺的蠶絲蠟繩夾在脇邊，C是夾起對摺的掛耳用帶子暫時固定，在袋口處縫一圈。

9 縫夾起繩子或帶子的部份來補強。

11 A是製作包鈕、縫上。

A
8cm
1.5cm
14.5cm

11 B是把鈕扣重疊在花片上來縫。

B

Komihinata

C
掛耳
1cm

61

智慧型手機袋（D）

材料　**布**……　表布、裏布各20×25cm　底布20×10cm　袋蓋布10cm方形2片　包釦布10cm方形
　　　其他…　鋪棉20×25cm　布襯10cm方形　掛耳用寬1cm的帶子4cm　蠶絲蠟繩55cm
　　　　　　　直徑0.7cm的鈕扣2個　按釦（中）1組　直徑2.2cm的包釦釦子 1組

尺寸圖

● 加上（ ）內的縫份裁剪
● 袋蓋布是謄寫p.60的實物大小型紙

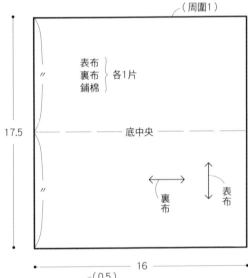

（周圍1）

表布
裏布　各1片
鋪棉

底中央

17.5

裏布

表布

16

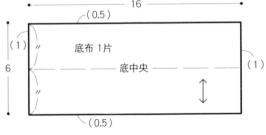

（0.5）

（1）

底布 1片

底中央

6

（1）

（0.5）

包釦布 1片

直徑5

（裁剪周圍）

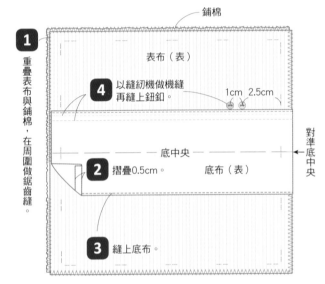

鋪棉

1 重疊表布與鋪棉，在周圍做鋸齒縫。

表布（表）

4 以縫紉機做機縫再縫上鈕釦。

1cm　2.5cm

底中央

2 摺疊0.5cm。

底布（表）

對準底中央

3 縫上底布。

接下來的作法和p.60 **3** 之**A**相同

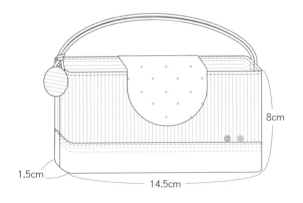

8cm

1.5cm

14.5cm

p.17 **伸縮托特包＆IC卡包**

材料
（1件份）
布……（伸縮托特包）表布、裏布各15×10cm （IC卡包）表布、裏布各15×20cm 腰帶布5×20cm
其他…（伸縮托特包）寬0.4cm的帶子10cm 2條 直徑2cm的伸縮鑰匙圈零件1個
（IC卡包）寬1cm的帶子23cm 內徑1cm的日字扣環、D型環、直徑1.5cm的單圈各1個

伸縮托特包尺寸圖

●加上縫份0.5cm裁剪

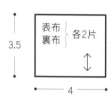

表布
裏布 各2片

3.5 — 4

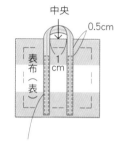

1 把提把用的帶子縫在表布。
※製作2片

2 把表布2片對準中表縫脇邊與底，但底在中央留下1cm不縫。裏布的縫法也相同。

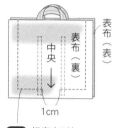

3 表袋·裏袋均撥開脇邊與底的縫份，縫襠。

襠的摺疊方法→p.48

1.5cm

4 把表袋·裏袋對準外表，袋口摺疊0.5cm來縫。

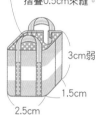

3cm弱
1.5cm
2.5cm

5 鎖縫底留下的空口，裝入伸縮鑰匙圈零件。

IC卡包尺寸圖

●加上（ ）內的縫份裁剪

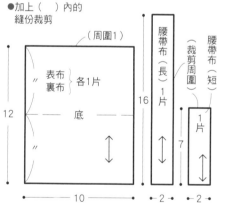

（周圍1）

表布
裏布 各1片

底

12 — 10

腰帶布（長）1片
16
7

腰帶布（短）
（裁剪周圍）
1片
2 — 2

1 把帶子剪成16cm與7cm，縫上腰帶布。

腰帶布

摺疊
0.5
cm

帶子（16cm）

1cm

帶子（7cm）

腰帶布（短）與帶子把一端摺疊1cm

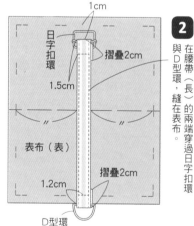

1cm
日字扣環
摺疊2cm
1.5cm

表布（表）

摺疊2cm
1.2cm

D型環

2 在腰帶（長）的兩端穿過日字扣環與D型環，縫在表布。

（裏）
底

3 表布·裏布均從底向中表對摺，縫兩脇邊。撥開縫份。

4 把表布與裏布的袋口向裏側摺疊1cm，對準外表，在後方中央夾腰帶（短）縫合。

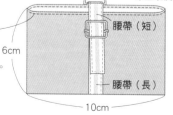

腰帶（短）
6cm
腰帶（長）
10cm

5 把單圈穿過D型環，在伸縮鑰匙圈零件穿上環使用。

腰帶（短）
後方中央
夾1cm

托特包風書套

材料　**布**……（**文庫本書套**、行事曆書套）各表布80×20cm　提把布5×75cm
　　　　（**記事本書套**、卡片盒）各表布50×15cm　提把布5×50cm
　　　其他…（**文庫本書套**、行事曆書套）各書背用寬1cm的亞麻布帶子17cm　按釦（中）1組
　　　　（**文庫本書套**）袋蓋用寬2cm的帶子8cm　（行事曆書套）袋蓋用寬1cm的帶子8cm
　　　　（**記事本書套**、卡片盒）各書背用寬1cm的亞麻布12cm　袋蓋用寬1cm的帶子6cm　按釦（小）1組

尺寸圖

● 加上（　）內的縫份裁剪
● ————— 是凸摺的線 ——— · ——— · ——— 是凹摺的線
● 數字（除指定以外均共通）

文庫本書套
行事曆書套
記事本書套
卡片盒

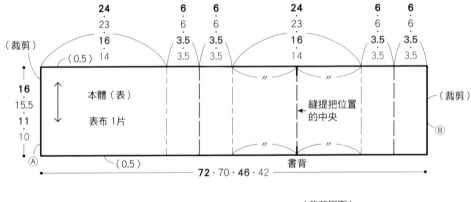

（裁剪）

24	**6**	**6**	**24**	**6**	**6**
23	6	6	23	6	6
16	**3.5**	**3.5**	**16**	**3.5**	**3.5**
14	3.5	3.5	14	3.5	3.5

（0.5）

16　本體（表）
15.5
11　表布 1片
10

縫提把位置
的中央

（裁剪）
Ⓑ

Ⓐ　（0.5）　　書背

—— **72**·70·**46**·42 ——

（裁剪周圍）

4　　提把布 1片

—— **68**·66·**46**·43 ——

1 製作提把。

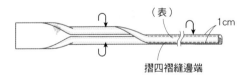

（表）　　1cm

摺四褶縫邊端

2 縫上提把與袋蓋。

袋蓋　　1cm　摺三褶鎖縫
　　→　　摺疊1cm
　　　縫上按釦（凸側）

a.縫上提把
※邊端要對準

本體（表）

1cm　　　　　1cm
1cm
♡　←中央

b.把袋蓋縫成四角形

提把縫到凸摺的
1cm前

♡＝**6cm**
　　6cm
　　3cm
　　3cm

3 把亞麻布帶子縫在書背。

本體（表）

對準凸摺的
中央來縫

4 把本體如圖所示摺疊來縫。

本體（表）

變成返口

△＝**6cm**
　　6cm
　　3.5cm
　　3.5cm

□＝**24cm**
　　23cm
　　16cm
　　14cm

5 從返口（Ⓐ到Ⓑ之間）翻到表面，如圖所示整理形狀。

a.翻到表面

對摺邊

（表）

b.把左右變成口袋的部位
再次翻到表側。

☆＝**1.5cm**
　　1.5cm
　　1cm
　　0.5cm

c.縫上按釦（凹側）

11.5cm
11cm
7.5cm
6.5cm

1cm

16cm
15.5cm
11cm
10cm

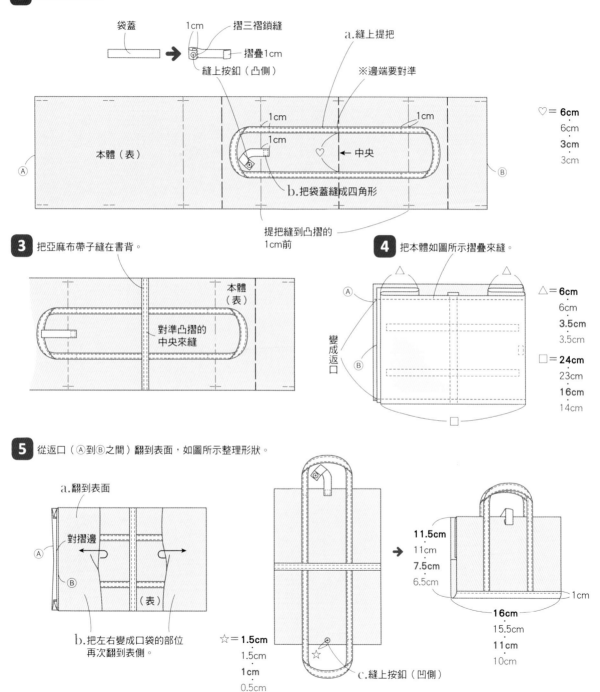

65

三色托特包

材料　**布**……表布上、表布中各75×10cm　表布下40×30cm　裏布40×60cm　提把布90×15cm
口袋布20×55cm　標籤布10cm方形

尺寸圖

●加上（　）內的縫份裁剪
●━━ ─ ── 是凸摺的線、━ ─── 是凹摺的線

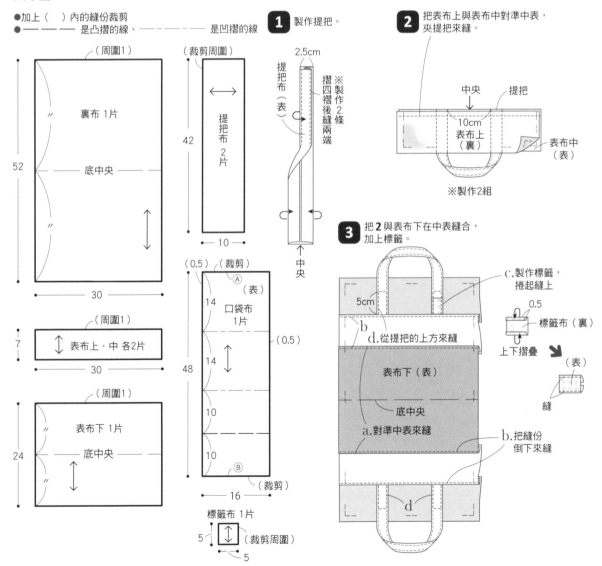

1 製作提把。

2 把表布上與表布中對準中表，夾提把來縫。

3 把 **2** 與表布下在中表縫合，加上標籤。

（周圍1）
裏布 1片
底中央
52
30

（裁剪周圍）
提把布 2片
42
10

（周圍1）
表布上・中 各2片
7
30

（周圍1）
表布下 1片
底中央
24

（0.5）（裁剪）
Ⓐ（表）
14
口袋布 1片
（0.5）
14
48
10
10
Ⓑ
16
（裁剪）

標籤布 1片
5
（裁剪周圍）
5

提把布（表）
2.5cm
摺四褶後縫兩端
※製作2條
中央

中央　提把
10cm
表布上（裏）
表布中（表）
※製作2組

c.製作標籤，捲起縫上
5cm
0.5
標籤布（裏）
上下摺疊
（表）
縫
b
d.從提把的上方來縫
表布下（表）
底中央
a.對準中表來縫
b.把縫份倒下來縫
d

66

4 從底中央向中表摺疊
來縫兩脇邊。

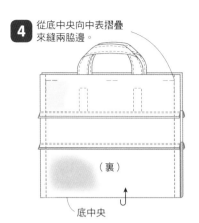

（裏）

底中央

5 縫襠
（襠的縫法→p.48）。

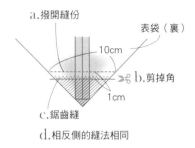

a.撥開縫份

表袋（裏）

10cm

b.剪掉角

1cm

c.鋸齒縫

d.相反側的縫法相同

6 製作口袋縫上。

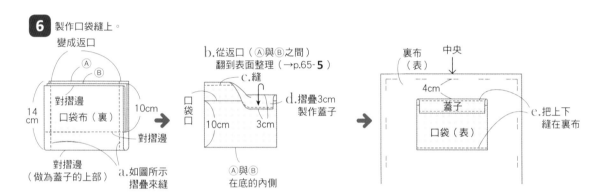

變成返口

ⒶⒷ

14cm　對摺邊

口袋布（裏）　10cm

對摺邊

對摺邊
（做為蓋子的上部）

a.如圖所示
摺疊來縫

b.從返口（Ⓐ與Ⓑ之間）
翻到表面整理（→p.65-**5**）

c.縫

口袋口

10cm　3cm

d.摺疊3cm
製作蓋子

Ⓐ與Ⓑ
在底的內側

裏布
（表）　中央

4cm

蓋子

口袋（表）

e.把上下
縫在裏布

7 裏布也和表布一樣
縫兩脇邊與襠。

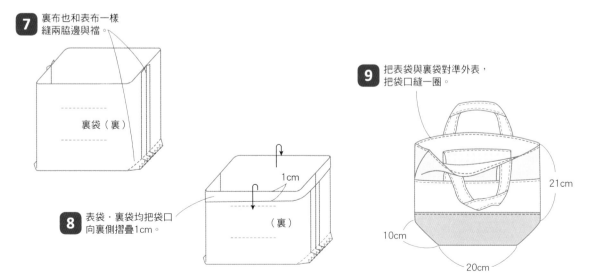

裏袋（裏）

8 表袋·裏袋均把袋口
向裏側摺疊1cm。

1cm

（裏）

9 把表袋與裏袋對準外表，
把袋口縫一圈。

21cm

10cm

20cm

材料 （1件份）	**布**……裏布、（A·D·F）表布各25×20cm　（B·C·E）表布上25×15cm、表布下25×10cm　（C·D）標籤布各少許 （F）貼飾布少許　（共通）包釦布10cm方形
	其他…（共通）鋪棉25×20cm　掛耳用寬1.5cm的帶子5cm　蠶絲蠟繩45cm　直徑2.2cm的包釦釦子1組 （A·C·D·E）25號刺繡線　（B）直徑0.6cm的鈕釦7個　（F）寬1cm的帶子4.5cm

尺寸圖

●加上（ ）內的縫份裁剪
●除指定以外均共通

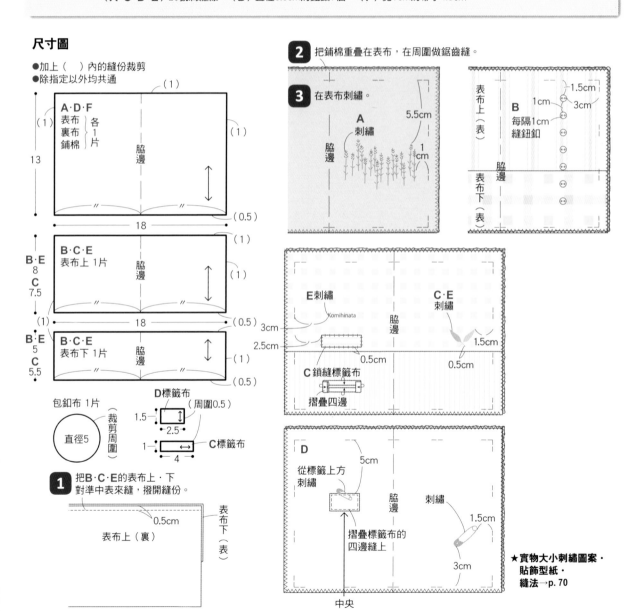

A·D·F
表布
裏布　各1片
鋪棉
脇邊
13
（1）
（1）
（1）
18
（0.5）

B·C·E
表布上 1片
脇邊
B·E 8
C 7.5
（1）
（1）
18
（0.5）

B·C·E
表布下 1片
脇邊
B·E 5
C 5.5
（1）
18
（0.5）

包釦布 1片
（裁剪周圍）
直徑5

D標籤布
（周圍0.5）
1.5
2.5

C標籤布
1
4

1 把B·C·E的表布上·下對準中表來縫，撥開縫份。
表布上（裏）
0.5cm
表布下（表）

2 把鋪棉重疊在表布，在周圍做鋸齒縫。

3 在表布刺繡。
A 刺繡
脇邊
5.5cm
1cm

表布上（表）
B 每隔1cm縫鈕釦
1.5cm
1cm
3cm
脇邊
表布下（表）

E刺繡
Komihinata
C·E 刺繡
脇邊
3cm
2.5cm
0.5cm
1.5cm
0.5cm
C鎖縫標籤布
摺疊四邊

D
從標籤上方刺繡
5cm
脇邊
刺繡
1.5cm
摺疊標籤布的四邊縫上
3cm
中央

★實物大小刺繡圖案·
貼飾型紙·
縫法→p. 70

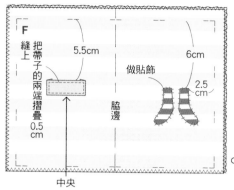

F

縫上 把帶子的兩端摺疊 0.5cm

5.5cm

6cm

做貼飾

2.5cm

脇邊

中央

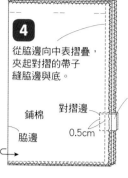

4 從脇邊向中表摺疊，夾起對摺的帶子縫脇邊與底。

帶子對準圖案，夾在適當的位置

鋪棉

對摺邊

0.5cm

脇邊

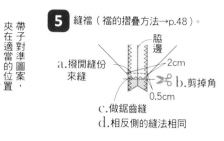

5 縫襠（襠的摺疊方法→p.48）。

a.撥開縫份來縫

脇邊

2cm

b.剪掉角

0.5cm

c.做鋸齒縫

d.相反側的縫法相同

6 裏布也和表布一樣縫脇邊、底、襠。

裏布（裏）

7 表袋、裏袋均把袋口向裏側摺疊1cm。

1cm

10 製做包釦，縫上。

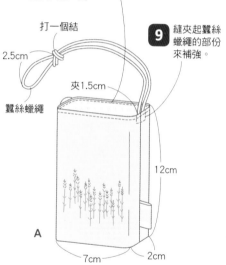

8 把表袋與裏袋對準外表，將對摺的蠶絲蠟繩夾在脇邊暫時固定，把袋口縫一圈。

打一個結

2.5cm

蠶絲蠟繩

9 縫夾起蠶絲蠟繩的部份來補強。

夾1.5cm

12cm

A

7cm

2cm

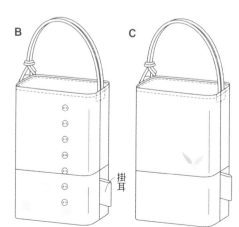

B

掛耳

C

D

E

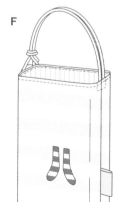

F

p. 68、69實物大小刺繡圖案・貼飾型紙

●刺繡線除指定以外均為2股

A

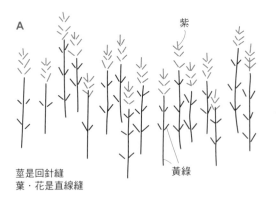

紫

黃綠

莖是回針縫
葉・花是直線縫

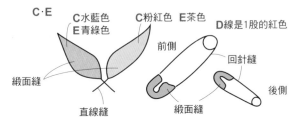

C・E

C水藍色
E青綠色

C粉紅色　E茶色

D線是1股的紅色

前側

緞面縫

直線縫

回針縫

後側

緞面縫

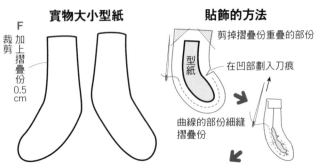

F
裁剪
加上摺疊份0.5cm

實物大小型紙

貼飾的方法

剪掉摺疊份重疊的部份

型紙

在凹部劃入刀痕

曲線的部份細縫摺疊份

拉緊線，用熨斗熨燙來整理形狀

抽掉型紙，鎖縫在表布

p. 54實物大小刺繡圖案

●刺繡線是以茶褐色・1股做回針縫，
短針目是做直線縫

C

D

刺繡的縫法

回針縫

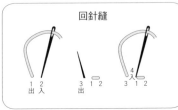

直線縫

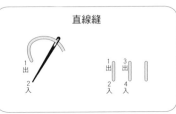

緞面縫

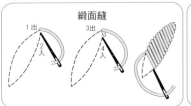

法式結粒縫

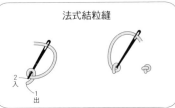

毛毯邊縫

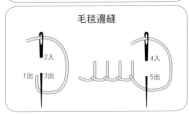

p.17 竹籃套

材料　**布**……本體布35×30cm　提把布10×20cm
　　　其他…直徑0.6cm的鈕釦2個　直徑1cm的木珠1個　風箏線　寬1cm的帶子6cm
　　　　　附蓋竹籃（大小請參照圖）

尺寸圖

●加上（　）內的縫份裁剪

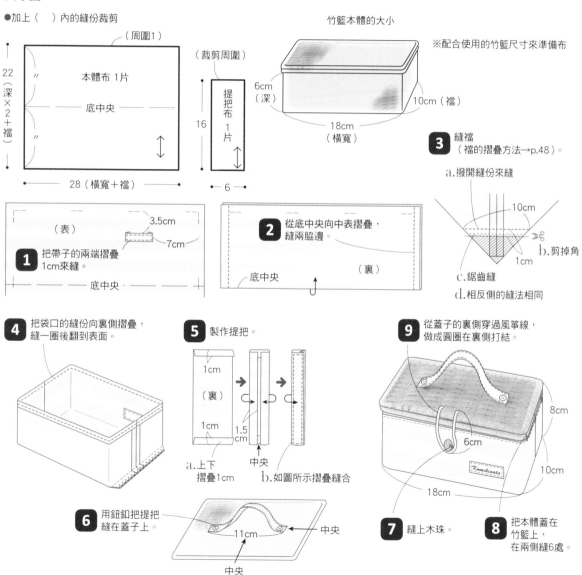

（周圍1）

本體布 1片

底中央

22（深×2＋襠）

28（橫寬＋襠）

（裁剪周圍）

提把布 1片

16

6

竹籃本體的大小

※配合使用的竹籃尺寸來準備布

6cm（深）

10cm（襠）

18cm（橫寬）

3 縫襠（襠的摺疊方法→p.48）。

a.撥開縫份來縫

10cm

b.剪掉角

1cm

c.鋸齒縫

d.相反側的縫法相同

1 把帶子的兩端摺疊1cm來縫

（表）

3.5cm

7cm

底中央

2 從底中央向中表摺疊，縫兩脇邊。

（裏）

底中央

4 把袋口的縫份向裏側摺疊，縫一圈後翻到表面。

5 製作提把。

（裏）

1cm

1cm

1.5cm

中央

a.上下摺疊1cm

b.如圖所示摺疊縫合

9 從蓋子的裏側穿過風箏線，做成圓圈在裏側打結。

8cm

6cm

10cm

18cm

Kamichinata

6 用鈕釦把提把縫在蓋子上。

11cm

中央

中央

7 縫上木珠。

8 把本體蓋在竹籃上，在兩側縫6處。

71

材料　布……表布、裏布30×35cm　底布30×25cm　提把布10×30cm　滾邊布20×10cm
　　　其他…鋪棉30×35cm　標籤用寬1cm的帶子6cm　寬2cm的斜紋帶70cm　寬1cm的棉帶4cm
　　　按釦（中）1組

尺寸圖

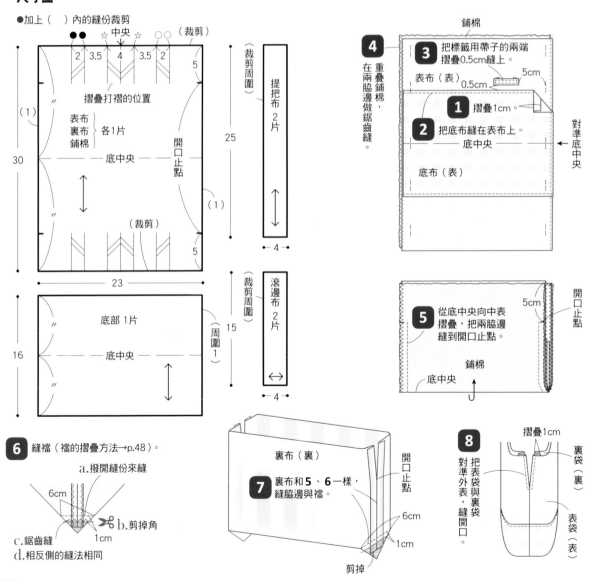

●加上（　）內的縫份裁剪

2　3.5　4　3.5　2
☆中央☆（裁剪）
摺疊打褶的位置
表布
裏布　各1片
鋪棉
底中央
開口止點
30
23
5
5
（1）
（1）

（裁剪）
提把布
2片
25
4
裁剪周圍

底部 1片
底中央
16
周圍
1
15
裁剪周圍
滾邊布
2片
4

鋪棉
4　把標籤用帶子的兩端摺疊0.5cm縫上。
3
表布（表）　0.5cm　5cm
1　摺疊1cm。
2　把底布縫在表布上。
底中央
對準底中央
底布（表）
重疊鋪棉，在兩脇邊做鋸齒縫。

5　從底中央向中表摺疊，把兩脇邊縫到開口止點。
5cm
開口止點
鋪棉
底中央

6　縫襠（襠的摺疊方法→p.48）。
a.撥開縫份來縫
6cm
b.剪掉角
1cm
c.鋸齒縫
d.相反側的縫法相同

裏布（裏）
7　裏布和 5、6 一樣，縫脇邊與襠。
開口止點
6cm
1cm
剪掉

8　把表袋與裏袋對準外表，縫開口。
摺疊1cm
裏袋（裏）
表袋（表）

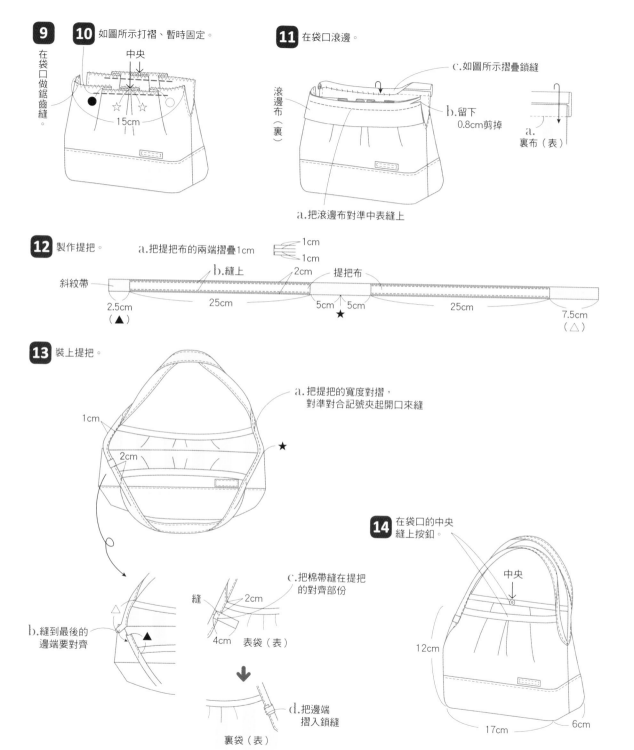

9 在袋口做鋸齒縫。

10 如圖所示打褶、暫時固定。

中央

15cm

11 在袋口滾邊。

滾邊布（裏）

c.如圖所示摺疊鎖縫

b.留下 0.8cm剪掉

a.

裏布（表）

a.把滾邊布對準中表縫上

12 製作提把。

a.把提把布的兩端摺疊1cm

1cm
1cm

b.縫上

2cm

提把布

斜紋帶

2.5cm
（▲）

25cm

5cm 5cm
★

25cm

7.5cm
（△）

13 裝上提把。

1cm

2cm

a.把提把的寬度對摺，
對準對合記號夾起開口來縫

★

b.縫到最後的
邊端要對齊

△

▲

縫

2cm

c.把棉帶縫在提把
的對齊部份

4cm

表袋（表）

d.把邊端
摺入鎖縫

裏袋（表）

14 在袋口的中央
縫上按鈕。

中央

12cm

17cm

6cm

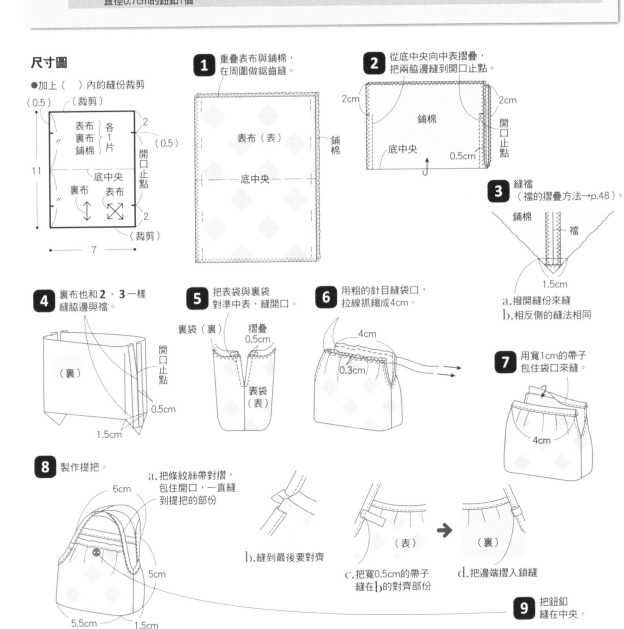

p.24 各式古拉尼提包　迷你古拉尼

材料　**布**……表布20cm方形　裏布10×15cm
　　　其他…鋪棉10×15cm　寬1.2cm的帶子4cm 2條　寬1.2cm的條紋絲帶20cm　寬0.5cm的帶子5cm
　　　直徑0.7cm的鈕釦1個

尺寸圖

●加上（ ）內的縫份裁剪

（0.5）　（裁剪）

表布
裏布
鋪棉　各1片

（0.5）

底中央

裏布　表布

開口止點

11

7

2

2

（裁剪）

1　重疊表布與鋪棉，在周圍做鋸齒縫。

表布（表）

鋪棉

底中央

2　從底中央向中表摺疊，把兩脇邊縫到開口止點。

2cm

鋪棉

2cm

開口止點

底中央

0.5cm

3　縫襠（襠的摺疊方法→p.48）。

鋪棉　襠

1.5cm

a.撥開縫份來縫
b.相反側的縫法相同

4　裏布也和**2**、**3**一樣縫脇邊與襠。

（裏）

開口止點

0.5cm

1.5cm

5　把表袋與裏袋對準中表，縫開口。

裏袋（裏）　摺疊0.5cm

表袋（表）

6　用粗的針目縫袋口，拉線抓縐成4cm。

4cm

0.3cm

7　用寬1cm的帶子包住袋口來縫。

4cm

8　製作提把。

6cm

5cm

5.5cm　1.5cm

a.把條紋絲帶對摺，包住開口，一直縫到提把的部份

b.縫到最後要對齊

（表）　→　（裏）

c.把寬0.5cm的帶子縫在b的對齊部份

d.把邊端摺入鎖縫

9　把鈕釦縫在中央。

材料
(1件份)
布……表布、裏布、口布各20cm方形　提把布10×20cm　飾布少許
其他…標籤用寬1cm的帶子3.5cm

尺寸圖

●加上（　）內的縫份裁剪

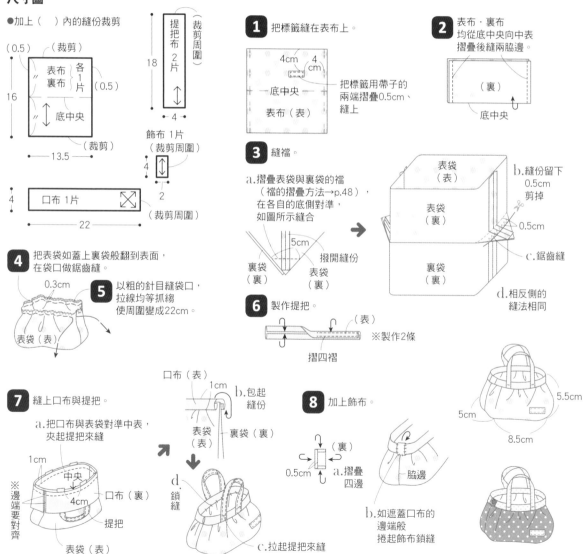

1 把標籤縫在表布上。

4cm　4cm
底中央
表布（表）

把標籤用帶子的
兩端摺疊0.5cm、
縫上

2 表布・裏布
均從底中央向中表
摺疊後縫兩脇邊。

（裏）

底中央

3 縫襠。

a.摺疊表袋與裏袋的襠
（襠的摺疊方法→p.48），
在各自的底側對準，
如圖所示縫合

5cm
撥開縫份
裏袋（裏）　表袋（裏）

表袋（表）

b.縫份留下
0.5cm
剪掉

0.5cm

c.鋸齒縫

表袋（裏）

裏袋（裏）

d.相反側的
縫法相同

4 把表袋如蓋上裏袋般翻到表面，
在袋口做鋸齒縫。

0.3cm
表袋（表）

5 以粗的針目縫袋口，
拉線均等抓縐
使周圍變成22cm。

6 製作提把。

（表）
摺四褶
※製作2條

7 縫上口布與提把。

a.把口布與表袋對準中表，
夾起提把來縫

1cm
※邊端要對齊
中央
4cm
口布（裏）
提把
表袋（表）

口布（表）
1cm
b.包起縫份
表袋（表）　裏袋（裏）

d.鎖縫

c.拉起提把來縫

8 加上飾布。

（裏）
0.5cm
a.摺疊四邊

b.如遮蓋口布的
邊端般
捲起飾布鎖縫

脇邊

5.5cm
5cm
8.5cm

材料	**布**……外布、內布、口袋布A、B各10×15cm　口袋布C 10cm方形　滾邊布30cm方形
	其他…鋪棉10×15cm　橫紋（橫織）拉鍊20cm　提把用寬0.5cm的絲帶9cm 2條　穿過戒指用寬1cm的亞麻帶7cm
	按釦（小）2組

尺寸圖

●周圍全部裁剪

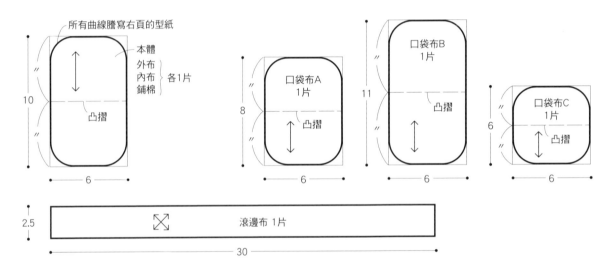

所有曲線謄寫右頁的型紙

本體
外布
內布　各1片
鋪棉

10　　6

凸摺

口袋布A
1片

8　　6

凸摺

口袋布B
1片

11　　6

凸摺

口袋布C
1片

6　　6

凸摺

2.5　　滾邊布 1片　　30

1 把口袋布A向外表對摺，
縫凸摺的邊緣。

2 在口袋布B・C
裝上拉鍊。

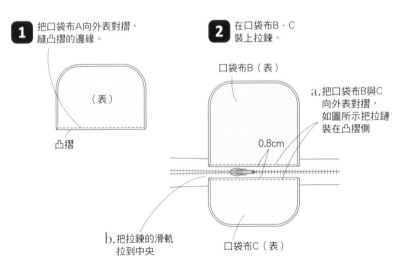

（表）

凸摺

口袋布B（表）

0.8cm

a.把口袋布B與C
向外表對摺，
如圖所示把拉鏈
裝在凸摺側

b.把拉鍊的滑軌
拉到中央

口袋布C（表）

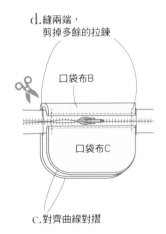

d.縫兩端，
剪掉多餘的拉鍊

口袋布B

口袋布C

c.對齊曲線對摺

3 如圖所示以本體的外布與內布夾起鋪棉。

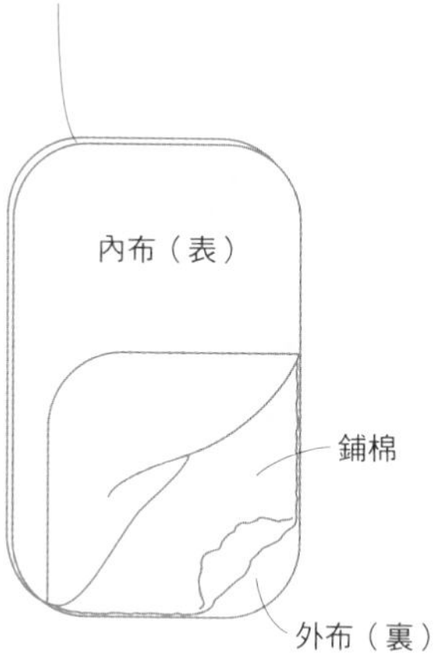

內布（表）

鋪棉

外布（裏）

4 如圖所示把 **1** 與 **2** 的口袋放在 **3** 的內布上，暫時縫上亞麻帶，在周圍做鋸齒縫。

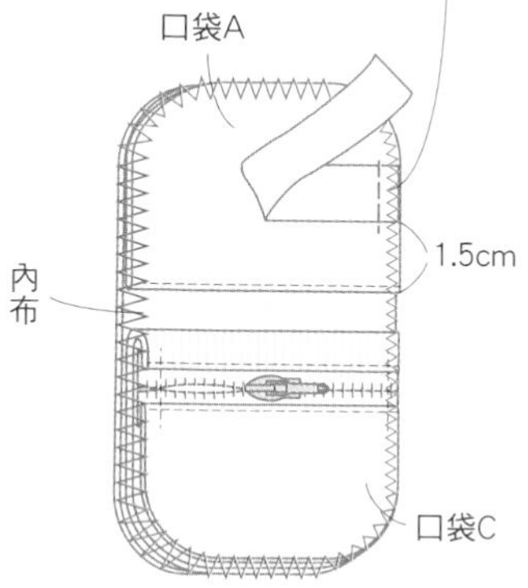

口袋A

內布

1.5cm

口袋C

5 暫時縫上提把用絲帶。

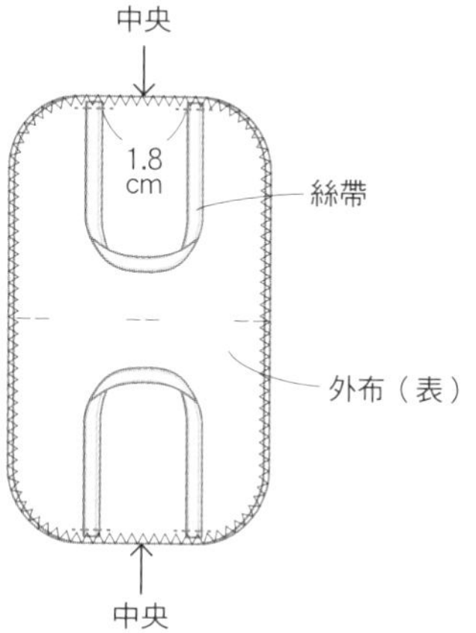

中央

1.8cm

絲帶

外布（表）

中央

6 用滾邊布處理周圍。

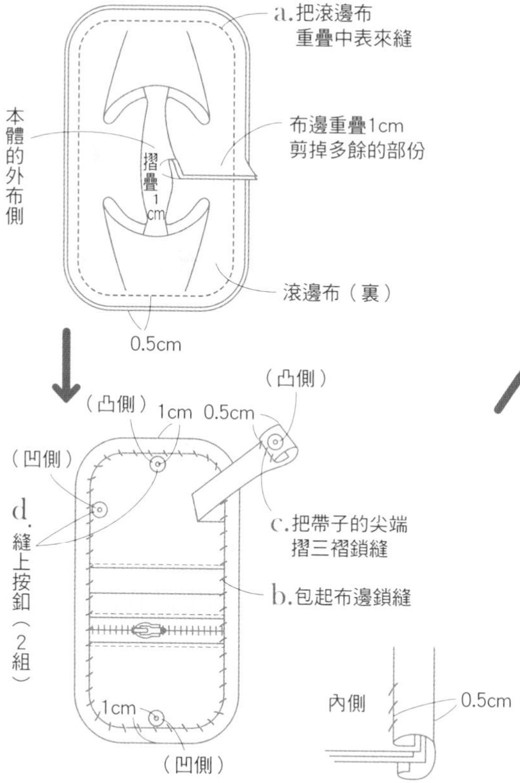

本體的外布側

摺疊1cm

a.把滾邊布重疊中表來縫

布邊重疊1cm剪掉多餘的部份

滾邊布（裏）

0.5cm

（凸側） （凸側） 1cm 0.5cm

（凹側）

d.縫上按鈕（2組）

c.把帶子的尖端摺三褶鎖縫

b.包起布邊鎖縫

1cm

（凹側）

內側 0.5cm

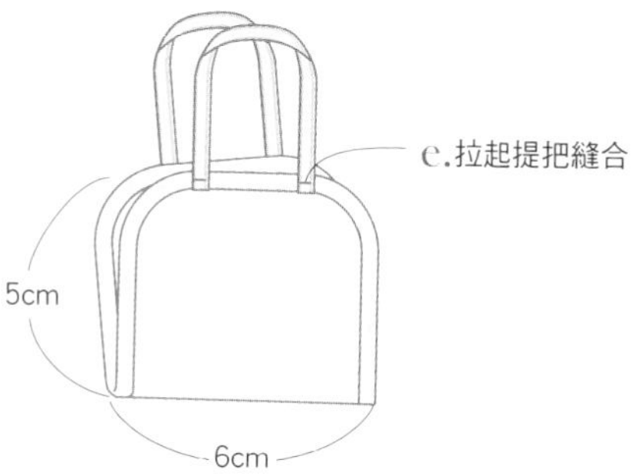

c.拉起提把縫合

5cm

6cm

曲線的實物大小型紙

材料 **布**……表布、裏布各20×25cm　底布20×10cm　袋蓋布10cm方形2片　包釦布10cm方形

　　　其他…鋪棉20×25cm　布襯10cm方形　蠶絲蠟繩45cm　25號刺繡線（茶褐色）　掛耳用寬1.5cm的帶子4cm

　　　　　直徑2.2cm的包釦釦子1組　按釦（中）1組

尺寸圖

●加上（　）內的縫份裁剪

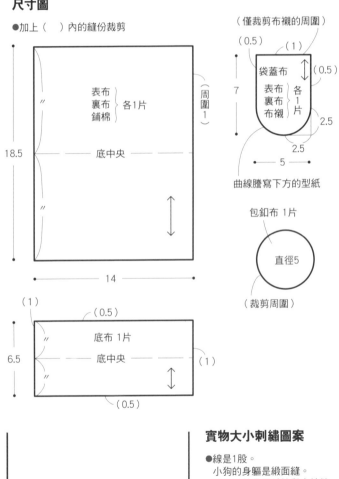

周圍1

表布
裏布　各1片
鋪棉

底中央

18.5

14

（僅裁剪布襯的周圍）

（0.5）　　（1）

袋蓋布

表布
裏布　各1片
布襯

（0.5）

7

2.5

2.5

5

曲線謄寫下方的型紙

包釦布 1片

直徑5

（裁剪周圍）

（1）

（0.5）

底布 1片

底中央

6.5

（1）

（0.5）

**曲線
實物大小型紙**

2.5

2.5

實物大小刺繡圖案

●線是1股。
　小狗的身軀是緞面縫。
　除此以外是回針縫與直線縫
●縫法→p.70

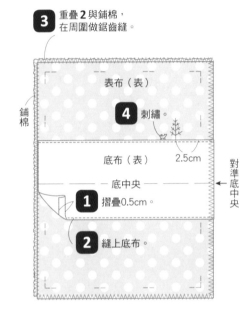

3 重疊2與鋪棉，
在周圍做鋸齒縫。

鋪棉

表布（表）

4 刺繡。

底布（表）　　2.5cm

底中央

對準底中央

1 摺疊0.5cm。

2 縫上底布。

之後的作法就和p.60 **3**～一樣。
掛耳用帶子對準
底布的接合位置縫上

縫按釦的位置
本體凹側
袋蓋凸側

4cm

8.5cm

1.5cm

12.5cm

材料
(1件份)
布…… 表布20×25cm 裏布20cm方形 底布20×15cm 提把布10×20cm
其他… 寬1cm的帶子4cm 寬0.5cm的帶子2cm（僅紫色系）

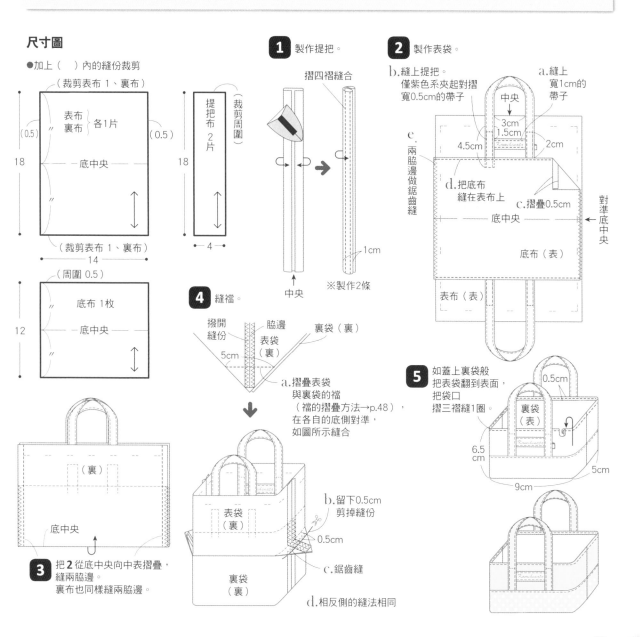

尺寸圖

●加上（ ）內的縫份裁剪

（裁剪表布 1、裏布）
表布 裏布 各1片
（0.5） （0.5）
18
底中央
14
（裁剪表布 1、裏布）

（裁剪周圍）
提把布 2片
18
4

（周圍 0.5）
底布 1枚
12
底中央

1 製作提把。

摺四褶縫合

中央

1cm

※製作2條

2 製作表袋。

b.縫上提把。
僅紫色系夾起對摺
寬0.5cm的帶子

a.縫上
寬1cm的
帶子

中央

3cm
1.5cm

4.5cm
2cm

e.兩脇邊做鋸齒縫

d.把底布縫在表布上

c.摺疊0.5cm

對準底中央

底中央

底布（表）

表布（表）

4 縫襠。

撥開縫份

脇邊

裏袋（裏）

表袋（裏）

5cm

a.摺疊表袋
與裏袋的襠
（襠的摺疊方法→p.48），
在各自的底側對準，
如圖所示縫合

表袋（裏）

裏袋（裏）

b.留下0.5cm
剪掉縫份

0.5cm

c.鋸齒縫

d.相反側的縫法相同

5 如蓋上裏袋般
把表袋翻到表面，
把袋口
摺三褶縫1圈。

0.5cm

裏袋（表）

6.5cm

9cm

5cm

3 把**2**從底中央向中表摺疊，
縫兩脇邊。
裏布也同樣縫兩脇邊。

（裏）

底中央

材料 **布**……表布、裏布各15×20cm 屋頂用布A 15×5cm 屋頂用布B 15×10cm 門用布少許

其他…鋪棉15×20cm 橫紋拉鍊20cm 直徑0.3cm的鈕釦1個

寬0.4cm的亞麻帶4cm 25號刺繡線（茶褐色）

尺寸圖

●全部加上0.5cm縫份裁剪

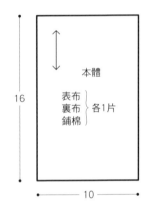

本體
表布
裏布 } 各1片
鋪棉

16

10

門用布
1片

3

2

屋頂用布A 1片

1

10

5.5

屋頂用布B 1片

實物大小刺繡圖案

●刺繡線是以1股做回針縫，
短針目是直線縫
●縫法→p.70

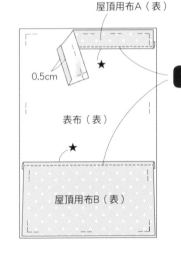

屋頂用布A（表）

0.5cm

表布（表）

★

★

屋頂用布B（表）

1 摺疊屋頂用布
一側的縫份，
縫在表布上。

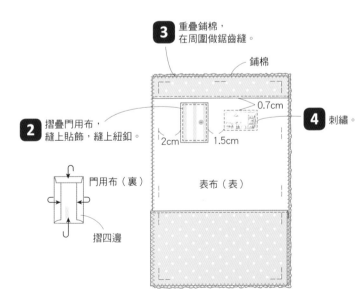

3 重疊鋪棉，
在周圍做鋸齒縫。

鋪棉

0.7cm

4 刺繡。

2 摺疊門用布，
縫上貼飾，縫上鈕釦。

2cm 1.5cm

表布（表）

門用布（裏）

摺四邊

5 裝上拉鍊。

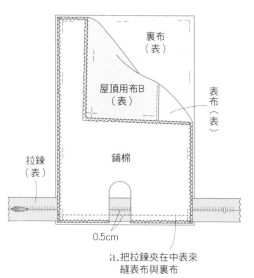

裏布（表）

屋頂用布B（表）

表布（表）

拉鍊（表）

鋪棉

0.5cm

a.把拉鍊夾在中表來縫表布與裏布

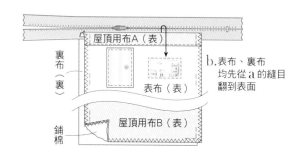

屋頂用布A（表）

裏布（裏）

表布（表）

鋪棉

屋頂用布B（表）

b.表布、裏布均先從 a 的縫目翻到表面

c.再從底側各自向中表摺疊，如圖所示縫合

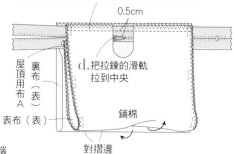

0.5cm

屋頂用布A

裏布（表）

表布（表）

鋪棉

d.把拉鍊的滑軌拉到中央

對摺邊

6 縫脇邊。

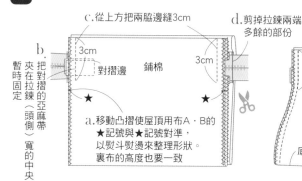

c.從上方把兩脇邊縫3cm

3cm 對摺邊 鋪棉 3cm

d.剪掉拉鍊兩端多餘的部份

b.把對摺的亞麻帶夾在拉鍊（頭側）寬的中央，暫時固定

★ ★

a.移動凸摺使屋頂用布A．B的★記號與★記號對準，以熨斗熨燙來整理形狀。裏布的高度也要一致

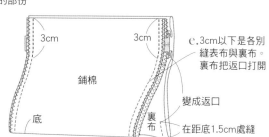

3cm 3cm

鋪棉

底 裏布

e.3cm以下是各別縫表布與裏布。裏布把返口打開

變成返口

在距底1.5cm處縫

7 縫襠（襠的摺疊方法→p.48）。

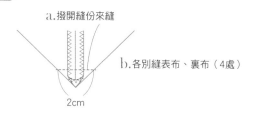

a.撥開縫份來縫

b.各別縫表布、裏布（4處）

2cm

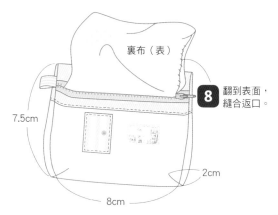

裏布（表）

7.5cm

8 翻到表面，縫合返口。

2cm

8cm

材料	
布……	本體表布、裏布各40×15cm 口布15×25cm 底布15×30cm 提把布15×25cm 滾邊布40cm方形
其他…	鉚釘（小）4組 橫紋拉鍊20cm 鐵槌

尺寸圖

●加上（　）內的縫份裁剪

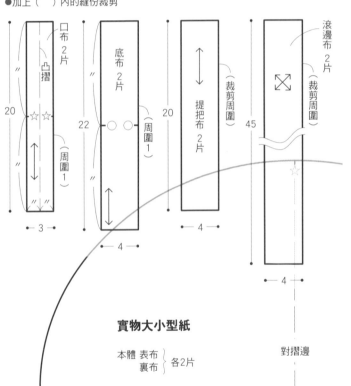

口布 2片
凸摺
☆ ☆
（周圍1）
20
← 3 →

底布 2片
○ ○
（周圍1）
22
← 4 →

提把布 2片
20
← 4 →

滾邊布 2片
（裁剪周圍）
45
← 4 →

對摺邊

實物大小型紙

本體 表布 }
裏布 } 各2片

相反側從「對摺邊」對稱裁剪。
加上縫份1cm來裁剪

1 製作提把。

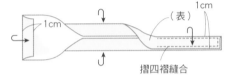

1cm
（表）
1cm
摺四褶縫合

2 把本體的表布與裏布對準外表，在周圍做鋸齒縫。

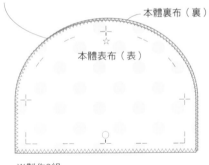

本體裏布（裏）
本體表布（表）

※製作2組

3 把口布從凸摺向外表摺疊，縫上拉鍊（→p.49）。

口布（表）　凸摺
口布（表）　1cm

 **4** 把**3**與底布縫合。

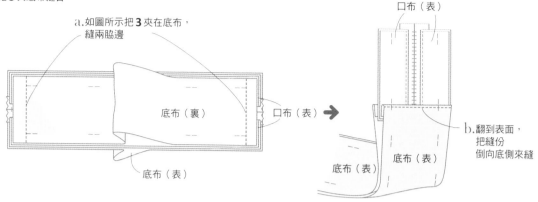

a.如圖所示把**3**夾在底布，縫兩脇邊

口布（表）

底布（裏）

口布（表）

底布（表）

b.翻到表面，把縫份倒向底側來縫

底布（表）

底布（表）

 **5** 把本體與**4**對準對合記號縫在中表。

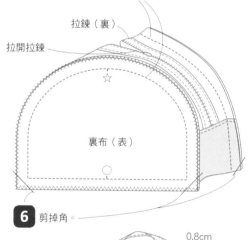

拉鍊（裏）

拉開拉鍊

☆

裏布（表）

○

6 剪掉角。

7 從底側把縫份滾邊。

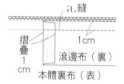

a.縫

摺疊1cm

1cm

滾邊布（裏）

本體裏布（表）

c.把縫份留下0.8cm剪掉

d.包起鎖縫

滾邊布（裏）

本體裏布（表）

口布（表）

拉鍊

b.1圈以後最後重疊1cm，剪掉多餘的部份

8 裝上提把。

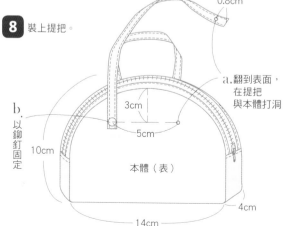

0.8cm

a.翻到表面，在提把與本體打洞

3cm

5cm

b.以鉚釘固定

10cm

本體（表）

4cm

14cm

c.相反側的裝法相同

鉚釘的裝置法

提把

本體（表）

用孔眼鉗在指定的位置打洞

蓋

腳

把蓋插入提把，把腳插入本體

把本體放在硬的台子上，放置提把。放上鉚釘用鐵鎚敲打數次

材料　**布**……表布80×15cm　腰帶布10×15cm　標籤布少許
　　　其他…內徑1.6cm的D型環1個　按釦（中）1組

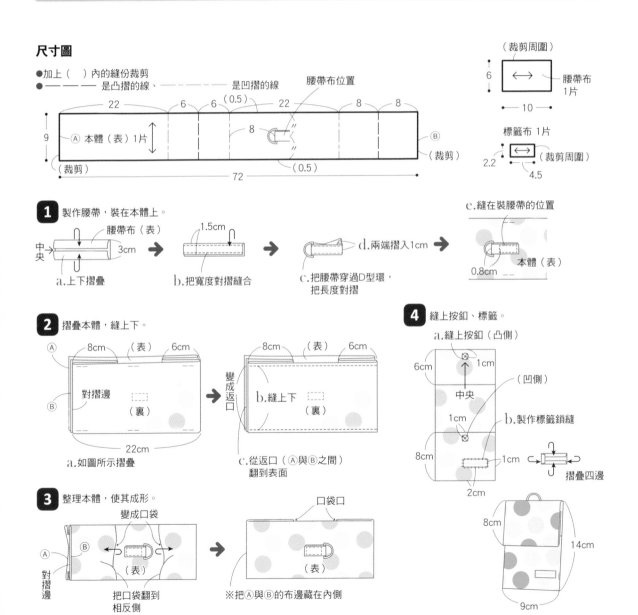

尺寸圖

●加上（　）內的縫份裁剪
●——— · ——— 是凸摺的線、——— 是凹摺的線

（裁剪周圍）

22　6　6（0.5）　22　8　8

腰帶布位置

Ⓐ 本體（表）1片　Ⓑ

8

9　72

（裁剪）　（0.5）　（裁剪）

腰帶布 1片
6　←→　10

標籤布 1片
2.2　←→　4.5　（裁剪周圍）

1 製作腰帶，裝在本體上。

中央→　腰帶布（表）　3cm
a.上下摺疊

1.5cm
b.把寬度對摺縫合

c.把腰帶穿過D型環，把長度對摺

d.兩端摺入1cm

e.縫在裝腰帶的位置
0.8cm　本體（表）

2 摺疊本體，縫上下。

Ⓐ　8cm（表）6cm
Ⓑ　對摺邊　（裏）
22cm
a.如圖所示摺疊

8cm（表）6cm
變成返口
b.縫上下
（裏）
c.從返口（Ⓐ與Ⓑ之間）翻到表面

3 整理本體，使其成形。

變成口袋
Ⓐ　Ⓑ
對摺邊
（表）
把口袋翻到相反側

口袋口
（表）
※把Ⓐ與Ⓑ的布邊藏在內側

4 縫上按釦、標籤。

a.縫上按釦（凸側）
6cm　1cm
中央
1cm　（凹側）
8cm　b.製作標籤鎖縫
2cm　1cm
摺疊四邊

8cm
14cm
9cm

p.32 各式套子　音樂播放器套（迷你）

材料　布……表布60×10cm
　　　　　其他…提把用寬1cm的帶子10cm　標籤用寬1.2cm的亞麻帶4.5cm　按釦（中）1組

尺寸圖

●加上（　）內的縫份裁剪
●————— 是凸摺的線、--------- 是凹摺的線

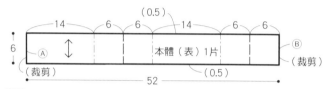

14　　6　　6　（0.5）　14　　6　　6
6
Ⓐ　　　　　　　　本體（表）1片　　　　　　　Ⓑ
（裁剪）　　　　　　　　　　　　　　（裁剪）
（0.5）
52

1 縫上標籤用帶子，暫時縫上提把用帶子。

a.把標籤用帶子的兩端
　摺疊0.5cm，縫上

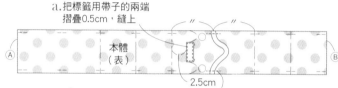

Ⓐ　本體（表）　Ⓑ
2.5cm

b.把提把用帶子暫時縫在上下的縫份（使其鬆弛）

4 縫上按釦完成。

a.縫上按釦（凸側）
　　　　　（凸側）
1cm
　　表面有
（表）　標籤的一方
　　　口袋口
　　　（凹側）
1cm

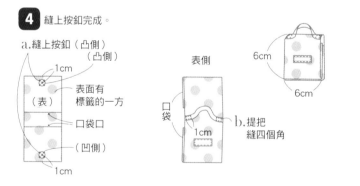

表側
口袋
1cm

6cm
6cm

b.提把
縫四個角

4 把花用布對摺，縫下部後拉緊線，在裏側縫數針固定，製作花朵。

2.5cm
摺疊1cm

製作2朵

---

2 摺疊本體縫上下。

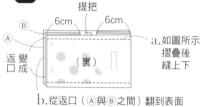

提把
Ⓑ　6cm　　6cm
Ⓐ
返變
口成　（裏）

a.如圖所示
　摺疊後
　縫上下

b.從返口（Ⓐ與Ⓑ之間）翻到表面

3 整理本體，使其成形（請參照左頁3）。

★p.92的包裝

材料
●本體用布、謄寫紙各30×45cm
●花用布5×70cm 2片
●寬0.3cm的絲帶130cm 2條
●卡片13×6.5cm

1 把謄寫紙摺疊1cm，
如遮蓋般把布摺三褶後縫袋口。

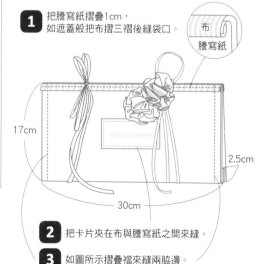

布
謄寫紙

17cm
2.5cm
30cm

2 把卡片夾在布與謄寫紙之間來縫。

3 如圖所示摺疊襠來縫兩脇邊。

5 裝入禮物，在適當的位置裝上花與絲帶。

材料
（1件份）

布……表布（厚0.2cm的羊毛氈）、裏布（塗層布料）各10cm方形　提帶布5×15cm

其他…按釦（小）1組　25號刺繡線適量

尺寸圖

●周圍全部裁剪

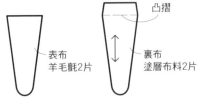

表布
羊毛氈2片

凸摺

裏布
塗層布料2片

12

4

提帶布
1片

1 製作提帶。

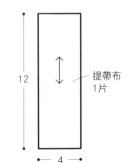

中央

1cm

（裏）

1cm

（表）

1cm

摺四褶
來縫合

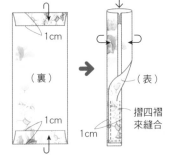

實物大小型紙

裏布

表布

2 表布與裏布各縫1片。

a.把裏布（塗層布料）的
光滑面向外側，
對準表布（羊毛氈），
摺疊袋口來縫

前側表布

裏布

b.縫上按釦
（凹側）

1.5
cm

1
cm

表布

3 將2組的外表對準，
在周圍做毛毯邊縫
（縫法→p.70）。

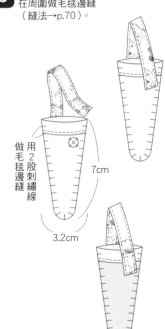

用
2
股
刺
繡
線

做
毛
毯
邊
縫

7cm

3.2cm

e.縫上按釦
（凸側）

1cm

0.5cm

c.製作另1組
不縫上按釦

1.5cm

d.縫上提帶

後側表布

羊毛氈小物包

材料　布……厚0.2cm的羊毛氈 A25cm方形、B20cm方形、C20cm方形、D15×20cm
其他… 寬1cm的皮繩 A16cm 2條、B14cm 2條、C12cm 2條、D10cm 2條

尺寸圖

●加上（　）內的縫份裁剪

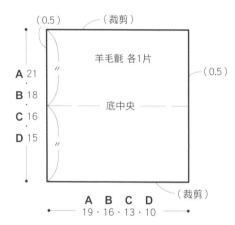

（0.5）　　（裁剪）

羊毛氈 各1片

（0.5）

底中央

A 21
B 18
C 16
D 15

A B C D
19・16・13・10

（裁剪）

1 從底中央摺疊，縫兩脇邊。

底中央

2 縫襠（襠的摺疊方法→p.48）。

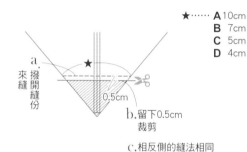

★……A10cm
　　　B 7cm
　　　C 5cm
　　　D 4cm

a.
來縫　撥開縫份

0.5cm

b.留下0.5cm裁剪

c.相反側的縫法相同

A

5.5cm

5cm
中央　（表）

10cm

9cm

4 捏起兩脇邊縫合。

3 縫上帶子。

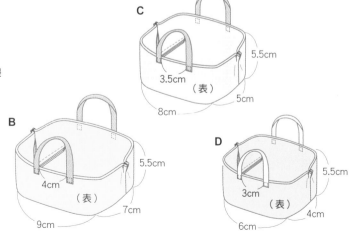

C

5.5cm

3.5cm
（表）

8cm　　5cm

B

5.5cm

4cm
（表）

9cm　　7cm

D

5.5cm

3cm
（表）

6cm　　4cm

p.32 各式套子　咖啡濾紙套

材料　**布**……表布、裏布各55×20cm　底布20cm方形　包釦布10cm方形　標籤布5×10cm
　　　其他…蠶絲蠟繩25cm、8cm各1條　直徑2.2cm的包釦釦子1組

尺寸圖

●加上（　）內的縫份裁剪

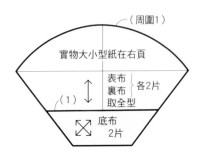

（周圍1）

實物大小型紙在右頁

表布
裏布　各2片
取全型

（1）

底布
2片

包釦布 1片

直徑5

（裁剪周圍）

（裁剪周圍）

標籤布 1片

3　←── 7.5 ──→

1 把底布與標籤縫縫在本體上。

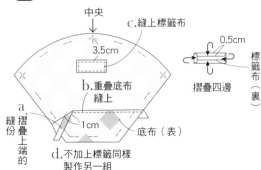

中央

c.縫上標籤布

3.5cm

b.重疊底布縫上

a.摺疊上端的縫份

1cm

底布（表）

d.不加上標籤同樣製作另一組

0.5cm

摺疊四邊

標籤布（裏）

2 把表布與表布對準中表來縫脇邊與底。

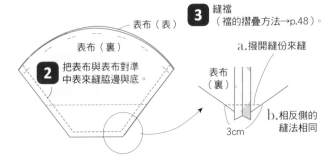

表布（表）

表布（裏）

3 縫襠
（襠的摺疊方法→p.48）。

a.撥開縫份來縫

表布（裏）

3cm

b.相反側的縫法相同

4 製作裏袋。

裏布（表）

裏布（裏）

留下5cm不縫
（返口）

a.對準中表，留下返口僅縫脇邊與底

b.和**3**作法一樣製作襠

5 夾起蠶絲蠟繩
把表袋與裏袋縫合。

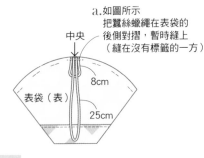

a.如圖所示把蠶絲蠟繩在表袋的後側對摺，暫時縫上（縫在沒有標籤的一方）

中央

8cm

表袋（表）

25cm

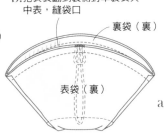

b.把表袋翻到裏側對準裏袋與中表，縫袋口

裏袋（裏）

表袋（裏）

6 翻到表面，縫上鈕釦。

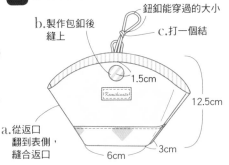

b.製作包釦後縫上

鈕釦能穿過的大小

c.打一個結

1.5cm

12.5cm

a.從返口翻到表側，縫合返口

6cm

3cm

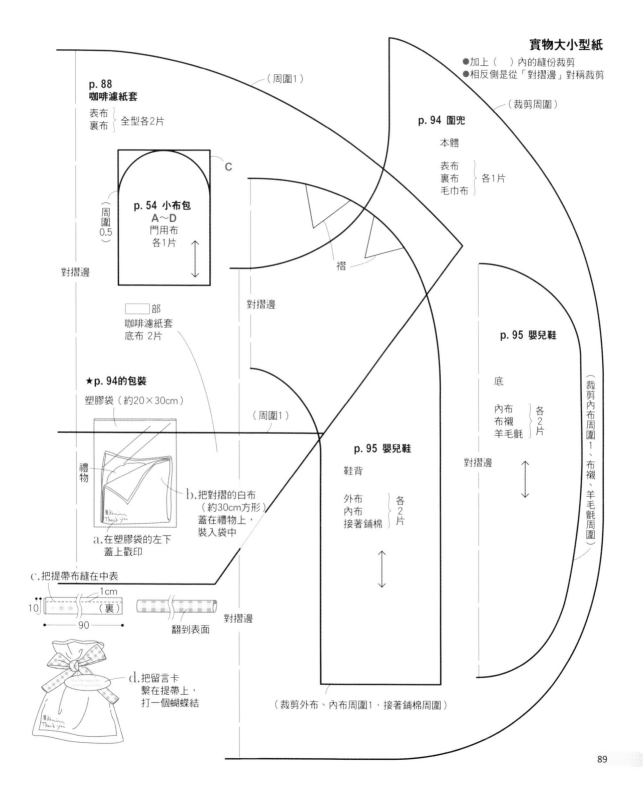

●加上（　）內的縫份裁剪
●相反側是從「對摺邊」對稱裁剪

（周圍1）

（裁剪周圍）

p. 88
咖啡濾紙套
表布
裏布　全型各2片

p. 94 圍兜

本體

表布
裏布　各1片
毛巾布

C

（周圍0.5）

p. 54 小布包
A～D
門用布
各1片

對摺邊

□部
咖啡濾紙套
底布 2片

對摺邊

褶

p. 95 嬰兒鞋

底

內布
布襯　各2片
羊毛氈

（裁剪內布周圍1、布襯、羊毛氈周圍）

★p.94的包裝

塑膠袋（約20×30cm）

（周圍1）

禮物

b.把對摺的白布（約30cm方形）蓋在禮物上，裝入袋中

a.在塑膠袋的左下蓋上戳印

p. 95 嬰兒鞋

鞋背

外布
內布　各2片
接著鋪棉

對摺邊

c.把提帶布縫在中表

1cm
10
（裏）
90

翻到表面

對摺邊

d.把留言卡繫在提帶上，打一個蝴蝶結

（裁剪外布、內布周圍1·接著鋪棉周圍）

89

材料
（1件份）
布……（A·B）表布上、裏布各25×10cm、表布下25×5cm　（C·D）表布、裏布各25×10cm
其他…（共通）7×5.5cm的金屬卡釦（CH-108BN→p.96）　鉗子　一字型起子　手工藝用膠水
（A·B）寬1cm的帶子3.5cm　（C·D）寬1.5cm的帶子3.5cm　（D）25號刺繡線

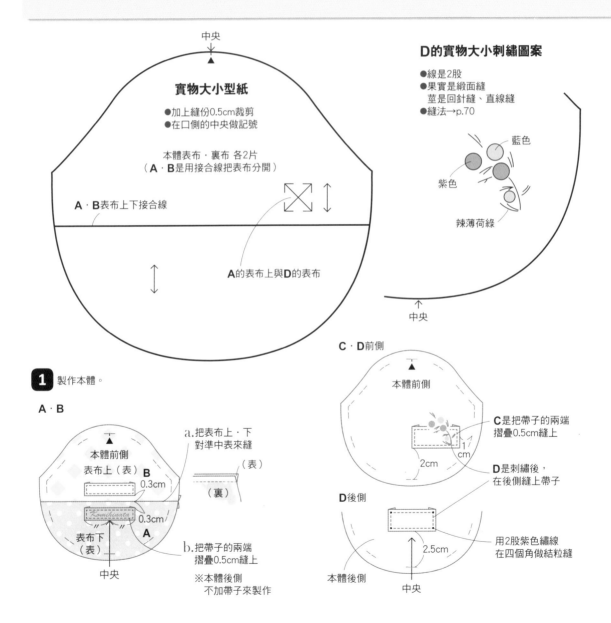

中央

實物大小型紙

●加上縫份0.5cm裁剪
●在口側的中央做記號

本體表布·裏布 各2片
（A·B是用接合線把表布分開）

A·B表布上下接合線

A的表布上與D的表布

D的實物大小刺繡圖案

●線是2股
●果實是緞面縫
　莖是回針縫、直線縫
●縫法→p.70

藍色

紫色

辣薄荷綠

↑
中央

1 製作本體。

A·B

本體前側
表布上（表）**B**
0.3cm

0.3cm
Zomihinata

表布下（表）**A**

中央

a.把表布上·下
對準中表來縫

（表）

（裏）

b.把帶子的兩端
摺疊0.5cm縫上

※本體後側
不加帶子來製作

C·D前側

本體前側

C是把帶子的兩端
摺疊0.5cm縫上

1cm

2cm

D是刺繡後，
在後側縫上帶子

D後側

2.5cm

本體後側

中央

用2股紫色繡線
在四個角做結粒縫

2 製作表袋‧裏袋。

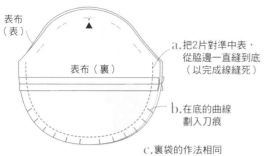

表布（表）

表布（裏）

a. 把2片對準中表，
從脇邊一直縫到底
（以完成線縫死）

b. 在底的曲線
劃入刀痕

c. 裏袋的作法相同

3 把表袋與裏袋對準來縫。

a. 將裏布放入表袋內，兩布正面相對。
留下返口在前側‧後側
各自縫合

b. 翻到表側，縫合返口

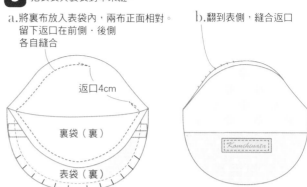

返口4cm

裏袋（裏）

表袋（裏）

Komihinata

4 裝上金屬卡釦。

a. 把2條紙帶剪得
比金屬卡釦短0.5cm

b. 用牙籤在溝內
塗上少許膠水

c. 對準袋與金屬卡釦的中央，
用錐子把布邊從裏布側塞入

對準中央

d. 填補金屬卡釦與布之間，
用一字型起子把紙帶塞入深處

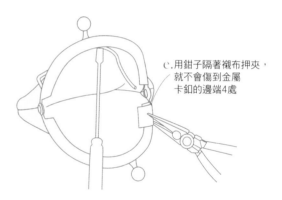

e. 用鉗子隔著襯布押夾，
就不會傷到金屬
卡釦的邊端4處

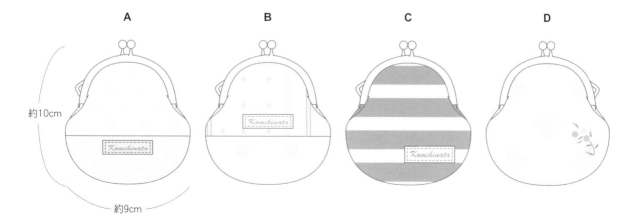

A

B

C

D

約10cm

約9cm

Komihinata

Komihinata

Komihinata

材料　**布**……（戒指枕）40×20cm　　（手帕）手帕布25cm方形　飾布5×25cm
　　　其他…（戒指枕）寬1cm的水藍色帶子64cm　寬0.4cm的白色絲帶130cm　寬0.5cm的條紋絲帶2種各45cm
　　　　　　寬2cm的帶子6cm　25號刺繡線（水藍色）　化纖棉少許
　　　　　　（手帕）蕾絲22cm

戒指枕尺寸圖

●加上縫份1cm裁剪

本體 2片

13

15

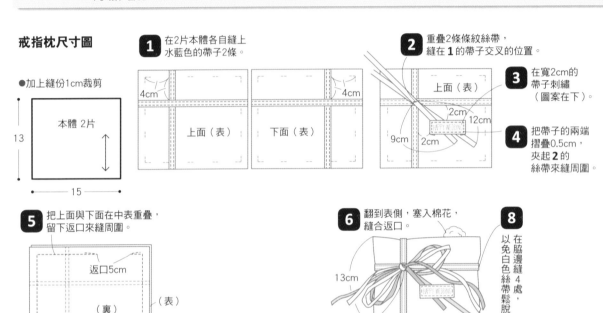

1 在2片本體各自縫上水藍色的帶子2條。

4cm　上面（表）　下面（表）　4cm

2 重疊2條條紋絲帶，縫在 **1** 的帶子交叉的位置。

上面（表）

3 在寬2cm的帶子刺繡（圖案在下）。

2cm　12cm

9cm　2cm

4 把帶子的兩端摺疊0.5cm，夾起 **2** 的絲帶來縫周圍。

5 把上面與下面在中表重疊，留下返口來縫周圍。

返口5cm

（裏）　（表）

夾起 **2** 的絲帶
請注意不要縫！

6 翻到表側，塞入棉花，縫合返口。

13cm

15cm

7 白色絲帶與 **1** 的帶子重疊呈十字形，和 **2** 的絲帶一起打蝴蝶結。

8 以免白色絲帶鬆脫，在脇邊縫4處。

手帕尺寸圖

●加上（ ）內的縫份裁剪

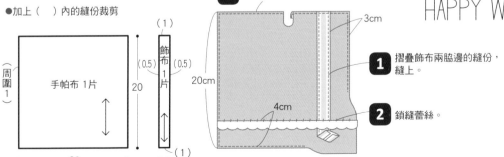

（周圍1）　手帕布 1片　20

20

（1）
飾布 1片（0.5）（0.5）
（1）
1　1

3 把四邊摺三褶來縫。

3cm

20cm

4cm

20cm

1 摺疊飾布兩脇邊的縫份，縫上。

2 鎖縫蕾絲。

實物大小刺繡圖案

●線是以1股做回針縫
●縫法→p.70

HAPPY WEDDING

★包裝→p. 85

材料
（1件份）

布⋯⋯表布・裏布・底布各10cm方形

其他⋯提把（布帶⋯寬0.5cm的7cm 2條、皮繩⋯寬0.3cm的5cm 2條） 掛耳用帶適量

尺寸圖

●全部加上縫份0.5cm裁剪

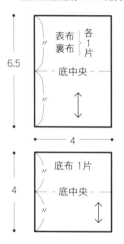

表布
裏布　各1片

底中央

6.5

4

底布 1片

底中央

4

※如果不加上底布就從 **5** 開始

1 摺疊0.5cm。

3 在兩脇邊做鋸齒縫。

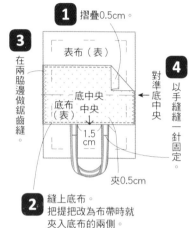

表布（表）

底中央

底布（表）

中央

對準底中央

4 以手縫縫一針固定。

夾0.5cm

1.5cm

2 縫上底布。
把提把改為布帶時就夾入底布的兩側。

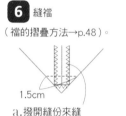

表布（裏）

對摺邊

掛耳

5 把表布從底中央向中表摺疊，縫兩脇邊。
夾入掛耳時就對摺夾在自己想要的位置。

6 縫襠
（襠的摺疊方法→p.48）。

1.5cm

a.撥開縫份來縫

b.相反側的縫法相同

（裏）

7 裏布也同樣縫脇邊與襠。

8 裝上皮繩的提把。

皮繩

0.3cm

c.縫上

b.用錐子打小洞

※是布提把就往 **9**

a.把袋口向裏側摺疊0.5cm（裏側亦同）

表袋（表）

1cm

0.7cm

9 把裏袋放入表袋內，縫合袋口。

2.5cm

2.5cm

1.5cm

包裝

●裝入袋中，蓋上2片布，用訂書機固定

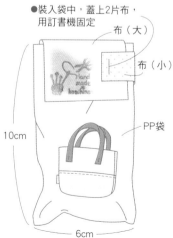

布（大）

布（小）

PP袋

10cm

6cm

p.42 嬰兒

材料	**布**……（圍兜）表布、裏布、毛巾布各25cm方形　滾邊布A・B65cm方形
	（嬰兒鞋）鞋背外布、鞋背內布各30×20cm　底內布、厚0.2cm的羊毛氈各20×15cm
	布帶表布、裏布各10×15cm
其他…（圍兜）寬1.2cm的亞麻帶4.5cm
	（嬰兒鞋）接著鋪棉25×15cm　厚布襯15cm方形　直徑0.5cm的鈕釦2個　按釦（小）2組

尺寸圖

- ●圍兜的本體、嬰兒鞋的鞋背、鞋底請參照p.89的實物大小型紙
- ●加上（　）的縫份裁剪

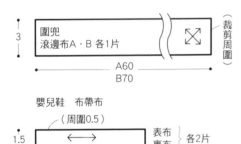

圍兜
滾邊布A・B 各1片
（裁剪周圍）
A60
B70

嬰兒鞋　布帶布
（周圍0.5）
表布
裏布　各2片
8
1.5

圍兜

1 把帶子的兩端摺疊0.5cm，縫上。

5cm
表布（表）
中央

2 把表布與裏布對準外表，中間夾毛巾布，在周圍做鋸齒縫。

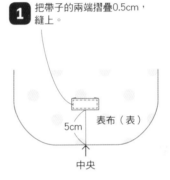

毛巾布
表布（表）
裏布（表）

3 在周圍滾邊。

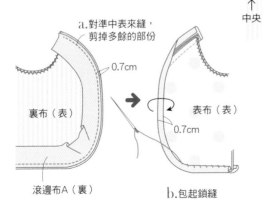

a.對準中表來縫，剪掉多餘的部份
0.7cm
裏布（表）
0.7cm
表布（表）
滾邊布A（裏）
b.包起鎖縫

4 在頸周圍滾邊。

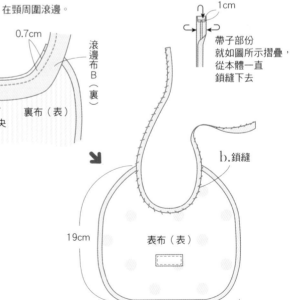

a.對準中央，重疊縫合
0.7cm
滾邊布B（裏）
中央
裏布（表）
1cm
帶子部份就如圖所示摺疊，從本體一直鎖縫下去
b.鎖縫
19cm
表布（表）
20cm

嬰兒鞋 ※左腳側。右腳側的作法亦同。

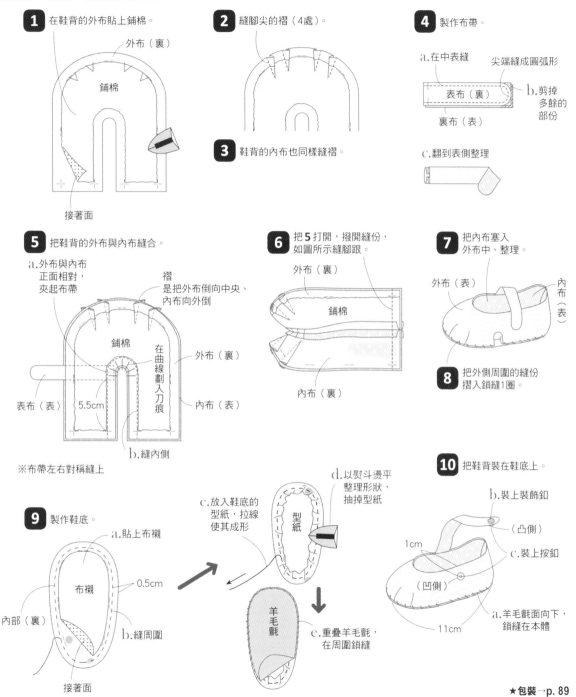

1 在鞋背的外布貼上鋪棉。

外布（裏）

鋪棉

接著面

2 縫腳尖的褶（4處）。

3 鞋背的內布也同樣縫褶。

4 製作布帶。

a.在中表縫

尖端縫成圓弧形

表布（裏）

b.剪掉多餘的部份

裏布（表）

c.翻到表側整理

5 把鞋背的外布與內布縫合。

a.外布與內布正面相對，夾起布帶

褶是把外布倒向中央、內布向外倒

鋪棉

在曲線劃入刀痕

外布（裏）

表布（表）　5.5cm

內布（表）

b.縫內側

※布帶左右對稱縫上

6 把5打開，撥開縫份，如圖所示縫腳跟。

外布（裏）

鋪棉

內布（裏）

7 把內布塞入外布中、整理。

外布（表）

內布（表）

8 把外側周圍的縫份摺入鎖縫1圈。

9 製作鞋底。

a.貼上布襯

布襯　0.5cm

內部（裏）

b.縫周圍

接著面

c.放入鞋底的型紙，拉線使其成形

d.以熨斗燙平整理形狀，抽掉型紙

型紙

羊毛氈

e.重疊羊毛氈，在周圍鎖縫

10 把鞋背裝在鞋底上。

b.裝上裝飾鈕

（凸側）

c.裝上按鈕

1cm

（凹側）

a.羊毛氈面向下，鎖縫在本體

11cm

★包裝→p. 89

設計・製作・指導

杉野未央子

手工藝作家。從大學時期就在專門學校學習美術印刷設計。
婚後在照顧寶寶的空檔以「komihinata」之名開始經營部落格，
介紹自己每日製作的手作品，備受好評，
在手工藝品排行榜上常獲第一名，而成為人氣部落格。
現在除在雜誌及期刊發表作品之外，也在文化中心擔任講師，活躍於各個領域中。

著有
『超人氣！布布小雜貨』（中文版 三悅文化），並有多部合著。
部落格『komihinata』の手作り＊布小物 http://blog.goo.ne.jp/komihinata
網址 http://komihinata.web.fc2.com/

TITLE

超人氣！布布小雜貨 第2彈

STAFF

		ORIGINAL JAPANESE EDITION STAFF	
出版	三悅文化圖書事業有限公司	撮影	佐山裕子（主婦の友社写真課）
作者	杉野未央子	装丁・本文デザイン	横田洋子
譯者	楊鴻儒	撮影協力	ことみちゃん
			Tree-B（p.27）
			http://sky.geocities.jp/tree_b_tree/
總編輯	郭湘齡	作り方図協力	網田ようこ
責任編輯	王瓊苹	デジタルトレース	下野彰子
文字編輯	林修敏　黃雅琳	DTP協力	Hayato（CRAZY）
美術編輯	李宜靜	校正	文字工房 燦光
排版	二次方數位設計	企画・編集	山本晶子
製版	明宏彩色照相製版股份有限公司	編集担当	森信千夏（主婦の友社）
印刷	桂林彩色印刷股份有限公司		
法律顧問	經兆國際法律事務所　黃沛聲律師		

代理發行　瑞昇文化事業股份有限公司
地址　　　新北市中和區景平路464巷2弄1-4號
電話　　　(02)2945-3191
傳真　　　(02)2945-3190
網址　　　www.rising-books.com.tw
e-Mail　　resing@ms34.hinet.net

劃撥帳號　19598343
戶名　　　瑞昇文化事業股份有限公司

本版日期　2014年4月
定價　　　250元

國家圖書館出版品預行編目資料

超人氣!布布小雜貨　第2彈／杉野未央子作；楊鴻
儒譯. -- 初版. -- 新北市：三悅文化圖書，2013.04
96面；18.2x21 公分

ISBN　978-986-5959-59-3（平裝）

1. 手工藝

426.7　　　　　　　　　　　　　　　102007691